城市公共空间景观设计

卞宏旭◎著

中国戏剧出版社
CHINA THEATRE PRESS

图书在版编目（CIP）数据

城市公共空间景观设计 / 卞宏旭著. -- 北京：中
国戏剧出版社，2024. 6. -- ISBN 978-7-104-05532-7

Ⅰ. TU984.11

中国国家版本馆 CIP 数据核字第 2024MM6539 号

城市公共空间景观设计

责任编辑：肖　楠
项目统筹：康祎宁
责任印制：冯志强

出版发行：中国戏剧出版社
出 版 人：樊国宾
社　　址：北京市西城区天宁寺前街 2 号国家音乐产业基地 L 座
邮　　编：100055
网　　址：www.theatrebook.cn
电　　话：010-63385980（总编室）　　　010-63381560（发行部）
传　　真：010-63381560

读者服务：010-63381560
邮购地址：北京市西城区天宁寺前街 2 号国家音乐产业基地 L 座

印　　刷：天津和萱印刷有限公司
开　　本：787mm×1092mm　1/16
印　　张：12.25
字　　数：220 千字
版　　次：2025 年 1 月　北京第 1 版第 1 次印刷
书　　号：ISBN 978-7-104-05532-7
定　　价：72.00 元

前　言

　　城市的形象会受高层建筑的影响，城市公共空间也不应被简单地视为建筑物周围的空地，而应被看作具有更多意义的地区。城市公共空间可以展示城市独特的魅力和历史，能够为居民提供重要的精神慰藉和物质支持。

　　城市公共空间在城市规划中扮演重要角色，优化景观设计可以改善城市生态环境，打造更具生态美感的自然风光景观。随着我国物质文明建设与精神文明建设的逐步完善，城市公共空间景观（城市广场、公园、街道居住区等）已成为城市文明的象征，体现着现代人的价值观、审美观和趣味。城市公共空间景观设计属于城市景观设计的范畴。由于城市景观要素主要包括自然景观要素和人文景观要素，因此可以说，城市公共空间景观设计更多是指景观设计师在某一既定区域的建筑创造或改造活动。而景观设计要求设计师在建筑设计过程中不能只注重所设计景观的外形创新，更应考虑对周围环境包括自然要素和人工要素的巧妙把握和结合，使景观设计既能与自然环境相呼应，又能在使用上实现方便、舒适和美观，从而提高景观设计作品的整体艺术价值。然而在现代城市中还存在着众多盲目的景观设计，本书试图总结出一些景观设计的原则，希望促使未来城市公共空间的景观设计更富人性化，与自然更加协调。

　　城市公共空间景观设计，简单地说，就是以景观来装点城市公共空间，创造一个优美宜居的环境。因此，本书首先带大家了解什么是城市公共空间，这一概念包含"城市"和"公共空间"两个部分，我们从这两个层面入手，基于此梳理城市公共空间及其相关概念；此外还对城市公共空间的分类进行分析，并回顾了城市公共空间在中国、西方以及当代的发展历程，从而对城市公共空间形成更为全面和深入的认知，这有助于我们更深刻地认识和把握城市公共空间的景观设计。

　　在了解城市公共空间这一宏观层面后，接着，本书着眼于微观层面，对城市公共空间景观设计的模块进行阐述，了解景观设计的最小单元，如果说城市公共空间是一个有待装饰的圣诞树，那么地形、建筑、铺装、植物、水景、景观小品就像丝带、灯串、贴纸、挂饰等，既可以单独装饰圣诞树，也能够形成丰富的组合，共同装点。只有充分地了解这些设计模块，掌握它们的作用等，才能灵活地利用它们创造出理想的空间。

设计既是艺术的自由挥洒，也是科学的理性表现。我们已经进行了长期的城市公共空间景观设计实践，并在实践中抽象出了一些普遍的设计原理和原则，理解这些设计原理，遵循这些设计原则，依照一般的设计流程，能够使我们更好地找到设计创意、梳理设计思路，有条不紊地、科学地进行设计工作，将普遍的抽象的、理论与自己的设计创意思维结合，让创意思维变得可行。

在科学的设计理论的基础上，我们需要借助方法、技术，才能将设计思维变成现实。本书在探析城市公共空间景观设计理论后，即对城市公共空间景观构建与设计表现进行了研究，详细地阐述景观构建中的硬性组成和软性组成、基础设计表现，以及材料和色彩的设计表现，从方法、技术层面，介绍如何通过材料、色彩等设计语言将设计思维表现出来，设计出自己想要的景观，通过景观与城市公共空间的协调配合，创造出和谐的空间。

早在先秦时期，城市就已经存在，数千年来人们通过自己的设计思维和设计实践有目的地创建、改造城市，使之更加适应人类的生存需求，并且随着人类社会生产力的发展，设计追求从生存转变为更舒适的生活，乃至艺术的生活。尤其现代以来，城市公共空间景观设计快速发展，积累了大量的设计实践经验，出现了很多优秀的设计师与设计作品。本书最后立足于实践层面，结合大量的优秀设计实例，对城市广场、城市道路、城市公园、城市滨水等四类公共空间的景观设计进行细致、具体的分析，在鉴赏设计实例的过程中，拓宽设计师的视野和设计思路。

在撰写本书的过程中，笔者参考了大量的学术文献，得到了许多专家学者的帮助，在此表示真诚的感谢。但由于笔者水平有限，书中难免有疏漏之处，希望广大同行及时指正。

卞宏旭

2022 年 9 月

目　录

第一章　城市公共空间概述

　　要走进城市公共空间景观设计，首先要明白城市公共空间是什么。本章将从城市和公共空间、城市公共空间的概念、城市公共空间的分类及城市公共空间的演变四个方面对城市公共空间进行概述。

第一节　城市和公共空间

一、城市空间

克莱尔（Claire）在《城市空间》中对外部空间和城市空间进行了对比，他将城市空间定义为城市中所有建筑物和其他地点之间的空间形式。通过清晰的分层结构和引人注目的视觉效果，这个空间能展示这座城市环境的特色，让人们能直观地了解城市的空间布局。可见，所谓城市空间就是一种外部空间，它不包括建筑的室内空间。

二、公共空间

如果考虑到社会的因素，把侧重点放在空间的公共性上，就涉及公共空间的概念。公共空间的概念是西方文化的产物，有学者指出："在西方的语境中，公共空间指的是不具备商业目标的、可以表达民主精神的空间。"[①] 从空间与公众的关系来看，凡是不同程度上对公众开放的城市空间，都可以称为公共空间："公共空间意指对公众开放，不仅供所有者和使用者占用或使用，而且允许公众进入并接受公开性的社会服务的城市地域空间。""公共空间是保有公共资源或广泛为公众服务的非公共资源的空间，是为公共活动或公众成员的个体活动提供场所的空间，是城市公共社会赖以生存和运转的空间实体或空间依托。"[②]

赫曼·赫茨伯格（Herman Hertzberger）在《建筑学教程》中把"公共"和"私密"作为一对概念加以解释，他认为，"公共"与"私密"可以看作与"集体"和"个人"相关的空间性词汇。公共：任何人在任何时间内均可进入的区域，对它的维持由集体负责；私密：由一个小群体或个人决定是否可进入并负责其维持的场所。虽然一些空间的所有权或管理权属于个人或特定团体，但如果它们对公众开放，公众具有对空间的使用权，这些空间即属于公共空间；反过来，如果某些空间名义上为公有，

---

① 马清运：《反形公共空间》，《时代建筑》2007 年第 1 期，第 14—15 页。
② 王发曾：《城市犯罪中的公共空间盲区及其综合治理》，《人文地理》2003 年第 3 期，第 9 页。

其管理权却由一些集体或个人代理，公众被禁止或限制进入，那么这种空间则不构成实际意义上的公共空间；此外，目前国内一些行政机关虽然冠以公共名义，却不允许公众任意出入，这些行政机构占据的空间也不能算作公共空间。所以，决定一个空间是否为公共空间的关键并非其所有权，而是其使用权。

"事实上，内或外，公共和私有，都是相对的概念。"①

城市中的空间只有具备了两个先决条件才可被看作公共空间，这两个条件一是开放的空间，二是活动于开放空间中的人群。按照《现代汉语词典（第7版）》的解释，所谓"公共"是属于社会的；公有公用的。正是由于人群的出现，开放空间为公众所拥有或使用，它才具备了公共属性，因而成为公共空间。这里所说的人群是具有一定联系的人的集合，他们可能具有密切的关系，也可能根本不相识，甚至没有任何交往，但由于他们对同一个公共空间的使用，即由于共同的物质条件而有了关联，这些人就不再是个体的、孤立的人，而成为社会中的人，因为"社会"就是由于共同物质条件而相互联系起来的人群。所以，空间具有促成人际交往的功能。

"人与物构成了人的每一项活动的环境，离开了这样一个场所，人的活动便无着落；反过来说，离开了人类活动，这个环境，即我们诞生于其间的世界，同样也无由存在。"②

三、城市中的公共空间

城市公共空间是承载城市居民社交活动的平台，在户外生活中扮演着重要的角色。这些空间既可以展示城市的形象和特色，也代表着居民的身份认同和情感依托。它们不仅为城市文化水平和美学品质的提升提供了场所，而且也是调节城市生态环境和居民生活质量的关键要素。城市的公共空间不仅是建筑的延伸堆砌，而且是城市内不可或缺的一部分。在人口密集的城市地区，这些空间被公众视为一种宝贵的资源。设

---

① ［荷］赫茨伯格：《建筑学教程2：空间与建筑师》，刘大馨、古红缨译，天津大学出版社2003年版，第134页。

② 汪晖、陈燕谷主编：《文化与公共性》，生活·读书·新知三联书店2005年版，第57页。

计师可以通过特定方式，借助这些空间塑造城市形象，进而为居民提供许多便利服务。缺乏公共空间的城市，就好比一个没有灵气和活力的躯壳，而缺少市民的参与，也就意味着城市缺乏活力和未来发展的希望（见图1-1）。

图1-1　圣马可广场被誉为"欧洲最漂亮的客厅"

因此，广大的城市居民对于城市公共空间是极为珍视的。根据美国的一项调查，1998年，全美国的选举口号中有240条是关于保护公共空间的，其中72%得以通过。随着人们环境意识的增强及对丧失户外公共生活机会的厌倦，城市居民对于公共空间的需求有增无减。

城市不是建筑物的集合，城市开放空间也不只是城市中建筑之外的剩余空间，许多人更重视城市中的建筑。在参观一个城市的时候，人们的目光往往投向建筑，但是开放空间比建筑更能体现一个城市的性格。容纳公共生活的公共空间和城市中的建筑共同保存着城市的记忆，承载着城市的文化和市民的生活。城市不是由物质性的建筑物构成的，生活于其中的市民和他们创造与传承下来的文化是城市的灵魂，而城市的开放空间正是展示这一灵魂的场所。建筑虽然同样容纳了生活、承载了文化，但是发生于建筑内部空间的生活多数是不为室外的人所知、所感、所见的，而开放空间则把这些活生生的东西清晰地呈现了出来（见图1-2）。

图 1-2　公共空间保存的城市记忆

不是建筑，而是开放空间的形式和特征赋予城市以基本特征。

不能简单地认为所有城市空间都是城市公共空间，因为单纯的物质空间并不具有公共性，只有当空间由于人的交往、集结等活动而为公众所共享的时候，城市空间才成为城市公共空间，城市也才真正成为城市。

公共性是把城市公共空间与一般的城市空间区别开来的关键。广场、公园等空间中如果没有公众的交往活动，尽管有时这些空间被冠以"公共"的名字，但它们也不构成实质性的公共空间。相反，如果在这些专门开辟的、冠以公共名义的空间之外有公共交往活动发生，那么发生这些交往活动的空间也就成了公共空间，空间中的人共同造就了公共领域。

公共空间可能无处不在，仅仅一个公共设施、一件公共艺术作品，或者一个偶然的事件，都可能使一个空间具有公共性，甚至不具备物质实体的互联网空间，即所谓的赛博空间，也是一个正在迅速膨胀的虚拟公共空间。按照目前常见的公共空间分类方式，如把公共空间分为广场、街道、公园等，很可能使问题简单化，把关注点仅仅放在空间的物质形态上，而忽略其公共性，会遗漏一些无法归类的、偶然的然而却是真实的、生动的公共空间。把公共空间局限于特定类型的做法，已经不能适应当代公共空间"变动、未定的现实"①。

赛博空间（cyberspace）是一个由威廉·福特·吉布森（William Ford Gibson）于1984年在其小说《神经相术家》中创造的词汇。space 意为

① 刘大为、邵大箴主编：《2005·第二届中国北京国际美术双年展学术研讨会文献集：中英法文对照》，人民美术出版社2006年版，第72页。

"空间"，cyber 则来源于诺伯特·维纳（Norbert Wiener）于 1948 年创造的"cybernetics"（控制论）一词和唐纳德·N. 迈克尔（Donald N.Michael）于 1962 年创造的"cybernation"（计算机化，自动控制）一词。赛博空间是一种由现代信息技术所创造的虚拟现实空间。

第二节　城市公共空间的概念

一、与城市公共空间相关的概念

（一）开放空间

一般认为，具有现代意义的城市开放空间概念最早出现于 1877 年伦敦制定的《大都市开放空间法》（*Metropolitan Open Space Act*）。1906 年修编的《开放空间法》最早对开放空间加以定义，任何围合或是不围合的用地，其中没有建筑物，或者少于 1/20 的用地有建筑物，其余用地作为公园和娱乐场所，或者是堆放废弃物，或是不被利用的区域。

根据相关研究，1833 年英国伦敦的公共步行专责委员会（Select Committee on Public Walks）是最早使用"开放空间"这一术语的机构。该委员会指出，在过去的半个世纪里，大城市的人口快速增长，但社会上缺乏适合中产阶级和底层民众进行锻炼和休闲的公共步道或开放空间的规定条例。

国外对开放空间的定义还有很多，例如：

美国 1961 年的《房屋法》中规定，开放空间是城市区域内未开发或基本未开发的土地，但它必须具有多种价值，即公用和娱乐价值、自然资源保护价值、历史和风景的价值等。

日本的高原荣重在《城市绿地系统》中认为，开放空间是由公共绿地和私有绿地两大部分组成的。

克莱斯多夫·亚历山大（Christopher Alexandre）在《建筑模式语言：城镇·建筑·结构》提出：任何使人感到舒适、具有自然依靠并可以看到更广阔空间的地方，均可以称为开放空间。

凯文·林奇（Kevin Lynch）认为，只要是任何人可以在其间自由活动的空间就是开放空间，一类属于城市外缘的自然土地，另一类则属于城市内的户外区域，这些空间由大部分城市居民选择来从事个人或团体的活动。

由于出发点不同，这些对于开放空间的解释有不少差异，没有哪一种得到普遍认同。

国内对于开放空间的解释也有很多：

开放空间就是指城市公共空间，包括自然风景、公共绿地、广场、道路和休憩空间等。

开放空间是空间限定要素较少的空间，是指向大众敞开的为多数民众服务的空间；不仅指公园绿地这些自然景观，而且城市的街道、广场、巷弄、庭院都在其范围内。

"开放空间（Open Space）意指城市的公共外部空间（不包括那些隶属于建筑物的院落）。包括自然景观、硬质景观（如道路等）、公园、娱乐空间等。"[1] 开放空间的主要特性有：开放性、可达性、大众性、功能性。

《现代设计辞典》中对于开放空间的解释与上述说法有较大差异，即开放空间"原为城市规划术语，是指不为建筑物所包围的绿地或空地等的总称。后来它还转化为平面或立体造型的术语，当某特定空间在物理上或心理上都不被周围的形体所包围封闭，能直接面向外围空间时，也称之为开放空间。相反，被周围的形体或建筑所封闭的空间总称封闭空间"[2]。这种解释以空间是否被建筑物所包围为判定标准，这就把城市的街道、广场、巷弄、庭院等由建筑物限定的很大一部分封闭程度较低并可为公众共享的空间排除在外了，这个定义更适用于描述乡村或自然界的开放空间，作为对于城市规划术语的解释就不确切了。

（二）外部空间

与《现代设计辞典》的解释标准相反，在芦原义信的《外部空间设计》中，他将受限制的空间称为外部空间，并强调外部空间是由限制自然而来的。"外部空间是在自然当中由框框所划定的空间，与无限伸展的自然是不同的。外部空间是由人创造的、有目的的外部环境，是比自然更有

---

① 徐小东、王建国：《绿色城市设计（第2版）》，东南大学出版社2018年版，第77页。
② 张宪荣主编：《现代设计辞典》，北京理工大学出版社1998年版，第30页。

意义的空间。"① 区分建筑内外空间的方法是判断屋顶是否覆盖某个区域上：有屋顶覆盖的区域属于室内空间，没有屋顶覆盖的区域属于室外空间。按照《现代设计辞典》所述，那些没有被周围建筑物围绕的绿地或空地，实际上类似于芦原义信所描述的自然环境中无限延伸的离心空间，该空间通常被视为一种消极空间。

如果较宽泛地从空间形态的开放程度看，只要没有屋顶覆盖、四周有不同程度的围合，或者没有围合的空间，都可看作开放空间或外部空间。

二、城市公共空间

城市公共空间概念如下。

"所谓城市公共空间，意指城市内建筑物之间的、所有公众可以任意到达的外部环境空间形式的总和。从早期都市狭窄的街道、集市和码头到后来的社区花园、广场、公园、步行购物中心，直至今天的城市开放空间系统，都属于城市公共空间的范畴。"②

"由城市政府主导创建、供所有市民使用和享受的、公共的非赢利性场所，就是我们所指的城市公共空间。"③

《城市公共空间的系统化建设》对于城市公共空间的定义为："城市公共空间是指城市或城市群中，在建筑实体之间存在着的开放空间体，是城市居民进行公共交往活动的开放性场所，为大多数人服务；同时，它又是人类与自然进行物质、能量和信息交流的重要场所，也是城市形象的重要表现之处，被称为城市的'起居室'和'橱窗'。由于担负城市的复杂活动（政治、经济、文化）和多种功能，它是城市生态和城市生活的重要载体；城市公共空间还包含与生态、文化、美学及其他各种与可持续发展的土地使用方式一致的多种目标；而且，它还是动态发展变化的。"④

---

① ［日］芦原义信：《外部空间设计》，尹培桐译，中国建筑工业出版社 1985 年版，第 3 页。
② 严晶：《浅论城市公共空间》，《苏州大学学报（哲学社会科学版）》2007 年第 1 期，第 119—120 页。
③ 严荣毅、梅光明、吴新民等著：《城市公共空间的美学行为研究》，《中华建设》2007 年第 12 期，第 77 页。
④ 王鹏：《城市公共空间的系统化建设》，东南大学出版社 2002 年版，第 3 页。

三、各概念辨析

根据上述定义和描述，我们可以得知，在城市规划和设计领域，开放空间本质上指的是城市开放空间，外部空间本质上指的是城市外部空间。

目前，学术界对于城市公共空间、城市空间、开放空间和外部空间等概念及它们之间关系的理解尚有分歧。有人把城市公共空间看作"城市开放空间系统中的一个子系统"[1]，有人则倾向于否定它们之间的差别，如一些学者的定义一方面把开放空间和外部空间等同起来，另一方面又进一步把"城市"和"公共"两种属性赋予了开放空间："开放空间是指城市公共外部空间，包括自然风景、广场、道路、公共绿地和休憩空间等。"[2]（见图 1–3）

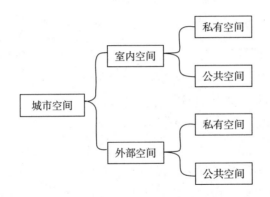

图 1–3　城市空间的分类及关系

从空间类型和形态等方面来看，城市公共空间与外部空间、开放空间所指称的空间范围往往是重合的，其物质和形态特征也基本相同。所谓开放空间，可以从两个方面去理解，其一，是空间物质形态的开放性特征；其二，是对公众开放的空间。在实际使用中，人们对城市公共空间、开放空间的概念常常不做严格的区分，只是因语境和出发点的不同在具体使用时有所区别和侧重，但严格来说，只有第二种情况，即对公众开放的空间才属于公共空间。空间中的人群是定义公共空间的关键要素（见图 1–4）。

---

① 赵蔚：《城市公共空间的分层规划控制》，《现代城市研究》2001 年第 5 期，第 8 页。
② 卢济威、郑正：《城市设计及其发展》，《建筑学报》1997 年第 4 期，第 6 页。

图1-4　荒无人烟的开放空间不是公共空间

　　城市公共空间概念的提出体现了一种具有人文关怀和社会责任感的立场，反映了设计师通过设计实践参与建立社会公正和公平的积极态度，城市公共空间的提出还为设计师提供了丰富的设计理念和构思的源泉。本书主要围绕城市公共空间的概念加以探讨，就是为了强调这些空间的公共属性，把城市空间作为容纳人类活动的有意义的场所。

　　城市公共空间设计由规划和设计两个方面构成。其中，公共空间规划主要解决的是土地使用问题，它致力于对城市空间上的布局进行安排及对时间上的进程加以计划，是对复杂城市系统的总体控制；公共空间设计则是在公共空间规划的基础上赋予空间以形式结构，包括对公共设施和公共艺术作品的设计。或者按照麦克哈格（McHarg）对于规划和设计的区分，规划是把区域作为生物物理和社会进程来理解的过程，而设计则遵从规划并引入形式主题。

　　有人把公共空间设计基本等同于城市设计，认为"城市设计主要关注的是在城市、城镇以及相对城市区域较小的社区中设计和建造公共空间"[1]，这种等同多少有些简单化，不过，它正确地指出了城市公共空间设计在城市设计中的地位。

———————————

[1]　［英］芒福汀：《街道与广场》，张永刚、陆卫东译，中国建筑工业出版社2004年版，第7页。

1969 年，麦克哈格出版了《设计结合自然》（*Design with Nature*）一书，标志着景观规划设计专业承担起人类整体生态环境规划设计的重任，使景观规划设计专业在奥姆斯特德（Olmsted）奠定的基础上又大大扩展了空间。

第三节　城市公共空间的分类

按照空间的尺度，可以把城市公共空间分为宏观、中观、微观三个层面，三个层面构成一个完整的城市公共空间系统，三个层面在系统中分别发挥不同的作用，并形成互动关系。[①]

以区位等级为依据，城市公共空间可以分为市区级、地区级、街区级公共空间。

按照空间的形态和尺度，并以同空间相关联的建筑为参照，城市公共空间可分为单体建筑周围的公共空间、组团建筑围合的公共空间、群体建筑限定或围合的公共空间。

按照用地性质，城市公共空间可以分为居住区内公共空间、城市公共绿地空间、城市广场空间、公共设施用地空间等。

按照空间的封闭程度，城市公共空间可以分为封闭型、相对封闭型、非封闭型三类。[②]这种分类单纯考虑空间的形态，不太关注空间与公众的关系。

西方城市经常是要塞与市场合一的城市，甚至许多城市就是起源于防卫的需要。这类城市对外呈排斥与封闭姿态，从外部看，其最典型的形式是城堡；出于和平的经济目的与市民政治、宗教活动的需求，它对内呈开放姿态，其最典型的形式是市场与广场。要塞与市场往往是合二为一的。[③]

---

① 赵蔚：《城市公共空间的分层规划控制》，《同济大学学报（社会科学版）》2000 年第 S1 期，第 30—32 页。

② 王发曾：《城市犯罪中的公共空间盲区及其综合治理》，《人文地理》2003 年第 3 期，第 8—12 页。

③ ［德］韦伯：《经济与历史：支配的类型》，康乐译，上海三联书店 2020 年版，第 210 页。

有人按照空间对公众的开放程度，把城市公共空间分为私有空间、半私有空间、半公共空间和公共空间四个层次，其中的半私有空间和半公共空间有外延重叠之嫌。《城市设计手册》中把外部空间分为公众区域、半公众区域和私人区域，就不存在这种重叠了。

按照所有权和使用权性质，克莱尔·库珀·马库斯（Clair Cooper Marcus）等人在《人性场所：城市开放空间设计导则》中认为，公共空间可分为：公共所有并可被公众接近的邻里公园、小型公园、广场；私人所有、私人管理，但可被公众接近的公司广场、大学校园等；私人所有并只服务于特定人群的开放空间。他们指出，出于写作上的原因，这种分类略掉了很多空间类型，如社区花园、运动场、街道、中学、住宅区、办公区公园等。

按照空间在城市中的地位，城市公共空间可以分为主要公共空间和次要公共空间。按照空间的自然、文化等方面的独特性，城市公共空间还可以分为特色公共空间和一般公共空间。其中，"主要公共空间是指公众使用比较频繁的公共空间，如城市入口、城市中心、城市干路、广场、滨水区、步行街、公园等。特色公共空间是指能够感知城市特色的公共空间，如历史街区、文化性广场、传统商业步行街、滨水带等"。[①]

理查德·福曼（Richard Foreman）于1995年提出了景观生态学的空间分析模型，有学者借鉴这种模型，把城市公共空间划分为基质、斑块、廊道三种空间构成类型，再加上各种类型的交接部——边界，从而城市公共空间就可以被认为是由基质、斑块、廊道、边界四种基本类型构成的。

从宏观上看，景观是由镶嵌体组合而成的，根据形状和功能的差异，景观元素可分为斑块、基质和廊道，即把景观的空间单元分为斑块、基质、廊道三类。

斑块是指不同于周围背景的非线性景观元素，由与其周围基质不同的物种组成，是一个与包围它的镶嵌体不同的镶嵌体，具有相对的均质性。它既可以是动物或植物群落，也可以是岩石、土壤、道路和建筑物等。一般来讲，斑块是物种的集聚地，它的大小、形状、类型、边缘和数量对于景观多样性的形成和分布具有重要意义。

---

① 余柏椿：《"城市设计指引"的探索与实践——以湖北天门市城市设计指引为例》，《城市规划》2005年第5期，第91页。

基质是景观中最广泛和最连通的部分，是景观中的背景地域，表现为空间范围最广大的景观元素，具有高度的连续性，对景观的稳定性和动态起着主导作用，在很大程度上具有决定景观性质和功能的基本作用。

廊道是与两边的基质不同的、狭窄带状的镶嵌体，是与周围基质有明显差别的线状景观元素，如河流、公路等。廊道往往在很大程度上影响景观的连接性，是连接斑块的桥梁和纽带，在景观中互相交接形成景观网络。

1933 年，国际现代建筑协会（CIAM）制定的《雅典宪章》把城市的主要功能归纳为居住、工作、交通和游憩四大类；相应地，城市空间被划分为居住、工作、交通、游憩四种类型，每一种空间类型与一种主要功能相对应。这种功能分区的方法具有很强的排他性，每一功能分区基本上只承担某种单一的功能，复杂的城市空间及其功能被简单化地理解和分析，现代大城市出现的各种问题与这种理念指导下的城市规划方法有直接关系。对现代建筑运动从单体建筑走向城市总体规划起到了促进作用。

《人性场所》一书区分了广场、公园和街道，其对广场的定义是："一个主要为硬质铺装的、汽车不得进入的户外公共空间。"[①] 如果一个公共空间的草地和绿化区域超过硬质地面，就被称为公园；如果其主要功能为交通，则称为街道。还有人把城市公共空间分为街道空间、广场空间、居住区空间，或街区、广场和街道。如果把这种分类方式与功能联系起来看，不论尺度、形态还是使用性质，基本上都可以同《雅典宪章》的分类相对应，两种分类方法各有短长：居住空间和工作空间对应于街区，街区的概念没有基于功能机械分割空间的弊病，也比居住空间、工作空间包含了更全面的功能；交通空间对应于街道，街道并不能全面涵盖所有交通空间，如广场、绿地也可以提供交通服务，但如果按照交通空间的概念进行分类，把街道归入交通空间，则忽略了街道上可能发生的交通以外的其他人类活动；游憩空间对应于广场空间，虽然避免了对绿地、湿地、公园等游憩和交往空间的遗漏，但又抹杀了广场、公园等空间游憩以外的生态、社会等方面的功能。

---

① ［美］克莱尔·库珀·马库斯［美］卡罗琳·弗朗西斯：《人性场所：城市开放空间设计导则》，俞孔坚等译，北京科学技术出版社 2020 年版，第 12 页。

"城市广场是由边界限定了内外的明确的三维空间，其基面和边界都被赋予了建筑学的定义，……城市广场是公共的城市空间的组成部分，它在所有时候对所有的人开放，……城市广场应向天空开放，……城市广场常常是城市历史上通过重要事件留下痕迹的地方，或许作为一种集体记忆的场所。"[①]

有学者认为，街道和广场是城市空间的两个基本要素。这种分类方式看似过于简单，却也不无道理。因为街区内部的开放空间实际上也主要是以街道、广场和院落等形式存在的，所以再单独提出街区概念就显得多余了。只是，广场仅仅是城市面状空间的一种，其他的面状空间还有公园绿地、庭院等，街道也仅仅是线状空间的一种，其他的线状空间还有巷弄、河道等，所以按照空间的形态把城市公共空间分为面状空间和线状空间应该也是一种简明、全面的方式。

凯文·林奇的《城市形态》把公共空间分为郊区公园、市内公园、广场、线形公园、运动场和球场、荒地和儿童游乐园六种类型，居住区户外场地、街道、滨水游憩空间等许多类型被遗漏，他的所谓分类实际上只是一种列举，并不完善。

按照空间界面类型，城市公共空间可以认为是由三种要素构成的，即基面要素（或称底界面要素）、围护面要素（或称侧界面要素）和设施小品要素（包括公共艺术），三种空间构成要素在每一种空间类型中有不同的体现方式，对空间要素的分类不应与空间类型的划分相混淆。

此外，开放空间的上部界面也可称为顶界面，它的主体是天空，是最自然的要素，它的边界被基面要素和围护面要素所限定，被称作"天际线"，是城市设计的重要内容。有些时候，顶界面也用人工手段加以分隔、覆盖，但过于强烈清晰的限定往往会使外部空间转变成室内空间。与基面要素和围护面要素相比较而言，顶界面更多地保留了其自然状态，所以在介绍公共空间要素设计的时候，很少有人专门就顶界面展开讨论。

---

① 蔡永洁：《城市广场：历史脉络·发展动力·空间品质》，东南大学出版社2006年版，第5页。

第四节　城市公共空间的演变

一、城市公共空间在中国的演变

人是社会的动物。在城市产生之前，因为生存的需要，原始人类群居在一起，他们那个时候就已有了公共生活。据考古发现得知，北京周口店的北京猿人结成几十人的群体，共同狩猎和采集，以周口店龙骨山的山洞为中心的室内外空间就成了他们公共生活发生的场所。

尽管中国古代的广场概念与西方有所差别，但不能否认，中国古代不仅有"广场"一词，而且拥有世界上最为悠久的广场体系，并存在着丰富多彩的广场文化和广场生活。中国的广场可追溯到原始社会后期，距今六七千年的陕西姜寨遗址上居住区的中心是4000多平方米的中心广场（见图1-5），大致同时期的西安半坡遗址也有类似的空间。我国古代广场有坛庙广场、殿堂广场、寺庙广场、娱乐广场、阅武场广场等类型。[①]

图1-5　陕西临潼姜寨遗址广场复原图

按照《礼记·礼运》的记载，"昔者先王未有宫室，冬则居营窟，夏则居橧巢"[②]，除了天然洞窟，原始人类逐渐开始了早期的建筑活动。以仰

---

① 曹文明：《中国古代的城市广场源流》，《城市规划》2008年第10期，第55—61页。
② 刘平：《四书·五经全译全解》，南海出版公司2014年版，第271页。

韶文化为代表，在母系氏族社会时期，人们已经定居下来，并建设了房屋和原始聚落，聚落的布局体现了当时的社会结构和社会生活。西安半坡村的一个聚落在居住区北部设公共墓地，居住区中部有一座 12.5 米 × 14 米的大房屋，用于公共活动，房屋之间的外部空间是一块圆形空地，是进行公共活动的主要场所，议事、祭祀、占卜、歌舞等公共活动都发生在这里。半坡村的聚落格局反映出当时氏族成员的平等关系。

《诗经》中有"雨我公田，遂及我私"。

以龙山文化为代表的父系氏族社会时期，聚落的布局开始反映出贫富差距，房屋面积比仰韶时期要小，适用于一夫一妻的小家庭生活，窑场也不再为公共所有，聚落的公共空间体现出阶级分化的特征。

上述原始聚落中的公共空间还不能算是城市公共空间，城市公共空间是以城市的出现为前提的。据《世本·作篇》记载："鲧作城郭。"① 如果此说可信，那么中国的城市则产生于夏、商、周三代。在古代，都、邑、筑、城等是不同的。《左传·庄公二十八年》中记载："凡邑，有宗庙先君之主曰都，无曰邑。邑曰筑，都曰城。"② 另《风俗通》中记载："天子治居之城曰都、旧都曰邑者也。"③ 古代的城郭和今天所说的城市也是有区别的，如《吴越春秋》所言，"城"是用来卫君的，"郭"是用以守民的，也就是说，"城"是帝王或地方领主居住的地方，而"郭"是为百姓提供防御和生活条件的地方。那时郭中的居民主要从事农业，另有一部分人从事手工业和商业等生产活动；而今天的城市则一般是指"具有一定规模的工业、交通运输业、商业聚集的以非农业人口为主的居民点。它是在历史上手工业和农业分离、阶级和国家出现时产生的，是社会经济发展的产物"④。按照城市的广义定义，它包括城镇，可以指乡村以外的一切城市型聚落。从这种广义定义来理解，古代的城郭也可以叫作城市。即使这样，中国古代城郭中的权的空间与西方意义上的城市公共空间也还是有很大不同的。

---

① （汉）宋衷：《世本》，时代文艺出版社 2008 年版，第 105 页。

② （春秋）左丘明：《左传》，时代文艺出版社 2000 年版，第 70 页。

③ 转引自汉语大字典编辑委员会编纂《汉语大字典七》，四川辞书出版社、崇文书局 2010 年版，第 4000 页。

④ 中国百科大辞典编委会：《中国百科大辞典》，华夏出版社 1990 年版，第 765 页。

城市起源于村庄。

《世本》，战国时赵国史书。记载黄帝以来的历史，其中的《作篇》专门记载器物发明，是研究城市、建筑、器物设计非常重要的古代文献。该书对纪传体的创立有所影响，司马迁的《史记》曾以该书为据。

中国古代都城的营造主要以《周礼·考工记》中的"左祖右社，前朝后市"[①]为规划理念。"左祖右社"是皇家的宗法宗教中心，是不允许普通民众涉足的。"前朝"是宏伟壮丽的宫殿，它是国家政权的核心，普通百姓当然也是被排斥于外的；"后市"则是都城的经济活动中心，既是商业和手工业经营、劳作的场所，也是城市最主要的公共空间。为了统治的需要，古代的市受到国家的严格控制，这里并非公众参与政治活动的场所，公开的、自发的、群众性的政治活动是被严格禁止的。中国政治的内向性造成了城市空间的内向性，在这种政治体制下，以公共活动和交往为主要功能的西方式广场是不存在的，这种缺失直接反映出当时公共生活的不发达。

《考工记》，目前多数学者认为，此书是春秋末年齐国官书，是中国目前所见年代最早的手工业技术文献，其中记载了一系列的生产管理和营建制度，书中反映的思想观念对古代城市、建筑、手工业技术等影响深远。

我国古代城市的居住区大致经历了里坊、街巷、胡同三种形制的演变。

春秋战国时期，里坊制基本确立，西周大小都邑固定的"宫市"到战国时期已经逐渐演变为新型的独立于宫廷的城市集中商业区，西汉至唐代是其鼎盛期，里坊制一直延续到唐末宋初。所谓里坊制，就是把城市分为若干封闭的"里"作为居住区，商业与手工业则限制在一些定时开闭的"市"中。宫殿和衙署与里坊有清晰的分区，它们占据全城最有利的位置，一般是择国之中而立宫，并用高大的城墙保护起来。"里"和"市"也都环以高墙，设里门与市门，由吏卒和市令进行极为严格的管理，全城实行宵禁。到汉代，棋盘状的街道将城市分为大小不同的方格，这时里坊的形态已经开始完善了（见图1-6）。

---

① （西周）姬旦：《周礼》，钱玄等注译，岳麓书社2001年版，第429页。

图1-6　汉画像砖上的市井生活

　　隋初改"里"称"坊"。到唐代，里坊制已经非常完善，唐代长安城有棋盘状道路系统，把全城划分为110个大小不等的坊，大坊面积为600米×1100米，小坊面积为520米×510米，街坊系统用高墙围合。城市布局严整，分区明确，设有集中的东、西两市。居民在里坊中生活，其出行被限制，特别是在夜晚，严格的宵禁制度基本上消灭了夜间的公共活动。

　　唐代中叶以后，由于经济的发展，在扬州等商业发达的城市中，旧的市制逐渐瓦解，市和坊分开设置的体制被打破，坊市结合，不再设坊墙，十里长街市井连，出现了有沿街商店、旅舍和住宅的商业街道，城市格局由封闭式向开放式演变，城市开放空间开始有所发展，夜市也逐渐兴盛起来，百姓的公共活动活跃起来。但是，这些活动还主要是商业和娱乐活动，城市公共空间不具有为公民行使政治权利提供服务的功能。

　　北宋中叶以后，由于商业和手工业的进一步发展，封闭式的里坊制已不再适应社会经济和生活方式的变化。于是，围墙逐步被拆除，沿街设店，形成街市，街与坊结合起来，城市的面貌发生了根本性的变化，里坊制演变成了街巷制。街巷制基本上沿用了里坊制城市的街道网格，集中的、封闭的里坊被开放的、遍布全城的商业街道和坊巷替代；各种零售店铺、茶楼、酒馆、浴室和市民娱乐场所"瓦子"等服务行业深入全城的坊巷，围墙被商店替代；此外，还有如东京大相国寺庙市那样的定期集市；宵禁被取消，夜市通宵达旦，住户直接面向街巷，可以很方便地进入公共空间（见图1-7）。宋代街巷制以东京、临安和平江等城市为典型代表。

图1-7 《清明上河图》局部

到了元代，城市居住区已演变为大街与胡同的形式，形成了大街、胡同、四合院的三级组织结构。网式的干道系统将全城划分为方形的街坊，坊内小巷称为胡同。大街两侧排列坊巷，住宅沿坊巷设置，坊巷内不设商店，以保证居住的安全和安静。元大都城中有三个主要的市，是综合性商业区，还有各种专业性行业街市及集市分布在城内外。街道两侧散布着各种店铺及货摊，非常繁华。

明清两代的北京城是在元大都的基础上改建和扩建而成的。明永乐皇帝兴建紫禁城时，为了改变商业凋敝的局面，在各个城门外建起廊房，廊房里聚户成商，最终成为官方营建的商业街区。明北京城茶楼、酒馆、剧场等商业网点遍布，商品经济的快速发展带动了公共空间的发展，市民的公共生活越来越丰富多彩。清代，北京城沿袭明代格局，其城市公共空间也在明代的基础上沿革。

尽管从宋代开始，随着里坊制的解体，城市的商业活动和相应的公共空间有了较大的发展，但是出于统治的需要，在中国历史上，官方对于公共性活动一般倾向于限制或禁止，有时这种限制达到极端的程度，不但公共集会被认为是图谋不轨，而且有的时候，人们在公共场合交头接耳都会被处以刑罚。以明代为例，明太祖的时候，设立特务机构锦衣卫，负责稽查和行刑，上至宰相藩王，下至平民百姓，都处于他们的监视之下。明成祖朱棣在东安门外设立东厂，其性质与锦衣卫相同，专门探听、监视大臣与百姓对朝廷不利的言行，刑法严厉，公共生活基本处于被监控和压制的状态，这种状态几乎与整个大明王朝相始终。

近现代，由于受西方的影响，中国城市的面貌发生了巨大改变，城市公共空间也随着城市的西化发生了根本性的改变，特别是城市广场的出现，是中国城市史上前所未有的事情。1949年以后，一大批仿苏式广场出现在全国各大中城市，其中，最大、最有代表性的是北京的天安门广场，其面积为44万平方米。天安门广场是中华人民共和国的象征，是决定中国命运的许多重大历史事件发生的地点，是举行巨大的群众性集会和典仪的场所，也是容纳人民群众日常活动的重要公共空间。除了广泛分布于各种规模的城市中的广场，大量的公园、绿地、街道等与西方同等意义上的城市公共空间已经成为中国城市市民日常生活中不可缺少的场所，人们在这些空间中游憩、交流、消费、集会、庆祝节日、表达自己的意愿。城市公共空间不仅极大地丰富了市民的公共生活，促进了社会的健康、和谐发展，并且有效地推进了中国社会的民主化进程。

二、城市公共空间在西方的演变

在西方，城市公共空间有悠久而辉煌的历史。"公民广场"（Agora）是最初的城市公共空间，它产生于公元前8世纪以雅典为代表的希腊城邦，是城邦居民户外交往和聚集的场所，人类历史上最早、最纯粹的民主政治体制就诞生在这里。Agora的原意是"汇集、集中、公共集会"，公民广场就是人民意志的"汇集、集中"之地，公共性是其最主要的特征。以雅典为例，城市公民推崇户外公共生活，追求真、善、美、爱、健康、平等，城市的公民是广场的主人。经过王权被贵族、非世袭的君主和僭主交替掌握的阶段，希腊的政权最终落入公民手中，公民大会是雅典的最高立法机关。雅典人每年在广场上召开全体公民大会，按照平等民权的政治理念行使权利和履行义务，用辩论、投票等方式共同决定公共事务，公开的、平等的、激烈的、针锋相对的论战保证了公共利益不受损害。广场也是公共的、世俗的、人民的，雅典民众不分贵贱贫富，都可以在广场上散步、休息、交谈；希腊的公共空间还容纳了宗教、文艺、体育等丰富的公共活动，在古希腊广场中最有代表性：广场和建筑顺应地形进行布局，平面不规则，尺度宜人，不但提供公共空间围护界面的建筑堪称典范，而且空间中的公共生活也为后世所向往，至今仍然被作为民主精神的象征。此外，剧场也是古希腊具有代表性的公共空间，公民的祭祀、竞技、表演、演讲、公民大会等活动都在这里进行。

　　"正是希腊人——很可能是雅典人——创造了民主（democracy 或 demokratia）一词，这一词语来源于希腊语 demos（即人民）和希腊语 kratos（即统治）这两个词的组合。"[①]

　　"Agora 原先（可能）既是经济交易的场所，同时也是政治与宗教活动的场所。"[②]

　　古罗马的城市公共空间保留着伊特鲁里亚的传统，也受着希腊的影响，但它呈现的精神面貌及其体现的社会关系已经与古希腊大不相同。希腊的广场主要是政治生活的场所，基本上不用于商业活动。罗马帝国的广场则带有更加世俗和实用主义的特征，它最初是集市和集会的场所，广场周围的建筑也大多是市场、浴场、剧院等世俗性公共建筑和一些纪念性建筑。罗马的广场被称作"piazza"或"plaza"，它的形式对于城市格局、公共空间和公共生活的影响遍及全世界，而且至今不衰。

　　西方"广场"一词要追溯到古希腊语的"platia"，在当时指"宽阔的路"。与之相类似，拉丁语的"platea"原本指房屋与房屋之间"宽阔的空间"，是一种关于道路和内庭院的表达用语。另一个拉丁词"placo"意指"平坦的面"，与意大利语的"piazza"十分相似。法语的"place"、英语的"place"及德语的"platz"等，都可以追溯到古希腊语或拉丁语的源头。

---

① ［美］达尔：《论民主》，李柏光、林猛译，商务印书馆 1999 年版，第 14 页。
② ［德］韦伯：《经济与历史 支配的类型》，康乐译，上海三联书店 2020 年版，第 211 页。

现代英语中的"square"还有"方形""方正"或"平方"的意思。德语的广场"platz"既可指城镇中建筑物前或建筑物之间的大面积空地，也可指自然界中的开阔场地，在德语中，它有"可利用"和"空出"的意思。

古罗马的政权经历了由共和制走向帝制的过程，它的广场等公共空间大多使用超大的尺度，空间比较规则，具有严格的轴线关系，是帝国权力在空间上的表现，也是政治集团权力斗争的战场，恺撒加冕、布鲁图斯刺杀恺撒、屋大维就任元首等重大历史事件都发生在广场上。罗马广场还是胜利者炫耀武功的舞台，广场上的凯旋门、纪功柱等标志性建筑都是胜利者的纪念碑。广场周边的长廊在古罗马时期非常普遍，它作为半公共空间极具美感，使公共空间对于市民更具吸引力（见图1-8）。

图1-8　图拉真广场

比例指整体与局部或局部与局部之间的大小关系。

尺度是就某个标准或参照而言的空间度量。以人为参照，尺度是指空间或事物与人的身体、人的习见标准、人的行为相对应的大小关系，也就是它与人的比例关系。

人是万物的尺度。

西方漫长的中世纪是精神生活凌驾于世俗生活之上的时代，商业和手工业受到封建统治下小农经济的压制。小型的城堡改变了城市面貌，广场逐渐式微，人的广场成为神的广场，宗教成为公共生活的主宰，教堂占据了城市的中心位置，高耸的尖塔主导了城市的轮廓，广场退而成为教堂的附属。中世纪城市广场和街道尺度较小，形式自由，平面多为不规则形状，空间封闭感强，周围的宗教建筑主导着城市空间。这些宗教建筑注重立面的视觉效果，因开放空间尺度较小，观看教堂须仰视，更加强了神圣的宗教气氛。空间中进行的公共生活也以宗教活动为中心，其中包括在教堂广场上的宗教仪式和街道上的宗教表演、狂欢与游行等，这些活动一方面体现了教会对神权和政权的垄断，另一方面又极为注重公众的参与，宗教氛围的出色营造使信徒很容易陷入对宗教的迷狂（见图1-9）。

图1-9　宗教建筑主导的公共空间

　　中世纪是欧洲历史上由西罗马帝国灭亡到文艺复兴时期的封建制度和宗教势力占统治地位的时期。在15世纪后期，人文主义者开始使用"中世纪"这个术语。在该时期，欧洲广泛实行封建制度，战乱频发，经济增长缓慢，人民生活贫困悲苦，因此那一时代被称为"黑暗时代"。

　　文艺复兴时期，随着工商业的兴起和市民阶层地位的上升，相继出现了许多自治城市乃至城市共和国。城市开始走向世俗化，城市公共建筑，如市政厅、关税厅和行业会所等占据了城市的主导地位，神的城市又向人的城市回归，公共空间中的商业活动又重新活跃起来。文艺复兴时期的广场也重新按照人的尺度来建造，充分体现了理性主义精神，它们被按照理想主义的审美标准进行规划：平面构图完整规则，讲究比例

23

法则，并广泛运用透视原理处理空间。城市空间中的公共生活体现出强烈的人文主义特征。威尼斯的圣马可广场完成于文艺复兴时期，该广场不再以教堂为中心，空间中起主导作用的是钟楼，周边的建筑除了教堂，还有图书馆、市政厅、公爵府等世俗建筑，广场也同时容纳了宗教和各种世俗活动，市民阶层的崛起在空间中得到直接反映（见图1-10）。

图1-10　威尼斯的圣马可广场

文艺复兴（Renaissance），意大利文为Rinascimento，后来译为法文，意思是"重生"，是14世纪至16世纪发生在欧洲的艺术和理智方面的一场运动。

巴洛克时期是欧洲民族国家和中央集权的君主制形成的时期，城市公共空间具有自豪、威严、强调个性的特征。国王作为公民的代理人，行使城市的管理权。超尺度的、庄严雄伟的宫殿、林荫道、公共广场等恢宏壮丽的公共空间都反映了君主和贵族的权力，这些公共空间一般都会由一个标志物主导，这个标志物或处于轴线的端点，或处于放射状道路汇聚的焦点；它可能是一个教堂，更可能是宫殿、凯旋门（见图1-11）、方尖碑，甚至君王的雕像；它们还毫不掩饰地炫耀着至高无上的权力，曾发生了改变世界历史进程的法国大革命的巴黎协和广场（见图1-12）就是这样一个典型。宫廷的审美趣味主导着公共空间，这时的公共空间强调视觉上的动态特征，注重装饰，大量的雕塑、壁画、喷泉都体现出鲜明的巴洛克风格。而这时的公共空间新增加了阅兵的功能，更强化了君主对公共生活强力的主导地位。公共空间退隐为纪念性标志物的背景，公民的日常公共生活也同样沦为政治强权表现其至高无上的游行、仪典、阅兵等高度组织性公共生活的必要陪衬，即使民众参与了这些活动也不过是更加强化了权贵的统治地位，而不可能成为消解其权力的过程。

图 1-11　凯旋门

图 1-12　巴黎协和广场旁边的建筑物

　　"巴洛克"一词的来源至今仍不甚明确。它可能来自三个词：意大利语的"baroco"，指中世纪繁缛可笑的一种神学讨论；意大利语的"barocchio"，指暧昧可疑的买卖活动；葡萄牙语的"barocco"，指畸形的珍珠。这三个词都含悖理怪奇之意。因此，自 18 世纪以来，它们屡屡被对巴洛克美术怀有偏见的古典主义学派用作讥讽的称呼。

18世纪的法国大革命推翻了君主专政制度，以市民阶层为主体的市民社会产生了，而由市民群体为公共生活主体的城市开放空间则成了名副其实的市民公共空间。在这些空间中，不再有君主的统治，虽然还有很多空间仍然保留着以前的形态，但是那里的公共活动及其体现的社会关系已经发生了改变。当然，现代资本主义社会及它造就的新型公共生活方式存在很多不合理性，经常体现出私人资本对人的异化，它存在着一系列危机，这些危机已经受到许多具有批判精神的西方学者尖锐的批评。

从空间形式上看，欧洲中世纪的公共空间在当时是容纳城市公共生活的核心场所，人们的集市、集会、庆典、交谈、发表政论、游戏、休憩、审判、行刑等活动都要在这里公开进行。随着政治、经济体制的变化，原来的许多公共空间如今虽然仍保留着其空间格局，但是它们往往已经私有化，许多开放空间只供特定人群使用，如只为某公司的职员使用的小广场就不欢迎外来人士进入。另外，又有越来越多的公共空间是由私人而非公共财政投资的，甚至原本只属于政府机构领地的开放空间也对公众开放，政府的工作越来越透明，同时在心理上，政府与公众的关系也被拉近了。现代城市的公共空间更加突出容纳公共生活的功能，追求多功能、人性化、个性化、生态性和艺术性，空间形式丰富多样，往往成为设计师新理念的实验场，对塑造城市形象起着至关重要的作用（见图1-13~图1-15）。

图1-13　德国国会大厦，人民可在上方的采光平台往下看到会议厅，
这成为西方民主政治的一个典型象征

图 1-14　巴黎拉·维莱特公园——设计师新理念的实验场

图 1-15　巴黎街头的音乐表演

三、城市公共空间在当代的发展

纵观历史可以看到，中外城市公共空间的演变有极大的不同，但是二者对于城市的某些观念是很相似的。比如，汉代刘熙的《释名》中有："城，盛也，盛受国都也；郭，廓也，廓落在城外也。"[1] 这种说法与刘易斯·芒福德（Lewis Mumford）所说的城市是"由城墙封围形成的城市容器（urban container）"[2] 就非常相似。他认为，人类早期的城市是向内聚合（或者叫"内爆"）的，它充分显示出人类社会高度的组织能力和创造力。在城市中，在城墙围成的圈子里，人们一起建造了神殿、宫殿、住宅、

---

① （汉）刘熙、（清）毕沅、（清）王先谦：《释名疏证补》，上海古籍出版社 2022 年版，第 268 页。

② ［美］芒福德：《城市发展史：起源、演变和前景》，倪文彦、宋俊岭译，中国建筑工业出版社 1989 年版，第 33 页。

道路、运河、陵墓，也创造了高度复杂的社会系统。人们的公共生活都发生在这个"容器"中，而城市中的公共空间则是容纳公共生活的最主要场所。"倘若没有这堵墙的话，那么就只会出现一片一片的房屋、一个小镇，而不会出现一座城市、一个政治共同体。……离开了它，公共领域就不可能存在。"[①] 与此内向的过程相反，现代技术的爆炸导致了城市的爆炸，社会机构、组织，连同其物质载体——建成环境都在放射性地扩散。除了城市规模的迅速扩张和城市人口的膨胀，这种爆炸最显而易见的外在表现就是古代的城墙被大量拆除，新建设的城市也几乎不再有城墙（见图 1-16、图 1-17）。

图 1-16　被拆除的北京古城墙

图 1-17　正定古城墙现状

---

① 汪晖、陈燕谷主编：《文化与公共性》，生活·读书·新知三联书店 2005 年版，第 94 页。

加拿大学者马歇尔·麦克卢汉（Marshall Mcluhan）在《理解媒介》（*Understanding Media*，1964）一书中也提出"内爆"的概念，他的理论描述了现代西方世界经历了3 000年的爆炸性增长后的现状。现代技术革命使人类社会由机械时代步入电力时代，地球又从向外爆炸转而变为向内爆炸，交通和信息技术使地理意义上的空间距离变短或消失，巨大的地球变为"地球村"；同时，内爆还造成对现实世界的信息化、虚拟化，在虚拟空间中存在、交流的生活已经迅速成为人们习以为常的一种生活方式。

按照这种理论来分析当代的公共空间就会发现，原本外向扩散的城市及其中的公共空间，开始在不同程度上被虚拟空间所替代。网络上流行的"开心农场""摩尔庄园"等互动游戏建立了一种好友系统。表面上看，以物质形态存在的公共空间在部分地丧失其存在的必要性，但实际上，虚拟的公共空间已经无限地拓展了公共空间的覆盖范围；同时，空间中的信息交流，或者说人类的社会交往，借助电子流以光速来实现，在广阔的虚拟空间中发生的社会交往所需要的信息传送时间几乎为零，这个变化是摆在公共空间研究者和设计者面前的新课题。

公共生活方式的变化是当代城市生活方式变化的重要内容，这种变化自然导致对公共空间使用方式的改变，同时也导致公共空间形态、类型等方面的改变。除了空间的虚拟化，以物质形式存在的公共空间还表现出许多新的特征。

第一，公共活动的分化和重组导致公共空间的专门化。原来城市广场上容纳的多种活动有很多已经转移到了专门的场所。人们已经习惯于在购物中心购物、在体育馆开展体育比赛、在剧场观看文艺演出，而很多这类活动原本都是在城市广场或街道上进行的（见图1-18、图1-19）。

图1-18　公共空间的专门化——购物中心

图1-19　公共空间的专门化——国家体育场

　　第二，公共生活主体的分化导致公共空间的专有化。根据年龄、性别、种族、教育背景、文化取向等差异，人们的社会生活很自然地发生于不同的群体之间，为此，许多空间被不同的群体所专有，不同的主体对不同的场所产生认同。比如，一些公园的某个角落被老年人占用，他们在那里打太极拳、唱京剧、下象棋；另外一些角落被年轻的情侣占据，其他人闯入这些空间就会觉得不自在；还有只向学生开放的学校运动场、只被某些活动的爱好者光顾的俱乐部；等等。

　　第三，新的公共生活类型对公共空间提出新的要求。年轻人是创造新的公共活动的最重要的群体，流行音乐、舞蹈、极限运动都需要适宜的场合。此外，外来文化的影响、政治经济体制的变革、民主制度的进步都会深刻地改变公共生活，原本被禁止、被限制的一些活动现在已经堂而皇之地走向了公共空间。比如，欧洲人习惯于在城市街道上露天小憩和餐饮（见图1-20），这种生活方式已经被许多中国市民接受，在很多中国城市里，同样可以见到中国市民坐在路边喝咖啡，这种西化的餐饮方式与中国传统市镇街道上的大排档有类似之处，却又体现了东西方不同的文化。尽管原本发生在城市广场、街道和公园中的许多公共活动已经分化到一些专门化的场所，但由于这些新的公共活动类型的出现，当代城市公共空间中的活动不但没有减少，反而更丰富了。公共空间的设计要鼓励、满足、引导、限制甚至禁止某些活动，历史上原有的公共空间设计模式面对这些要求，有时已不再适用。城市管理者对公共空间的管理不仅是物质空间本身的问题，往往还涉及政治、经济、法律等因素。

图 1-20 法国街头的咖啡座

　　公共空间的变化有其深层次的原因，即公共生活方式的改变，所以尽管历史上有很多优秀的公共空间设计，但简单地照搬和模仿那些成功的范例并不能保证得到同样成功的结果。当代城市公共空间的设计必然要适应当代人的生活需要，而对历史上的优秀设计进行研究和借鉴又是保证设计水准、延续城市文脉的不二法门。

第二章　城市公共空间景观设计模块

　　本章分析了对城市公共空间景观影响较大的要素类别，从地形、建筑、铺装、植物、水景、景观小品六个方面进行论述。这些内容就像是一个个"设计模块"，是景观设计基本的单元，对这些设计模块特性的了解越深刻，越能够游刃有余地在景观设计实践中加以应用。

第一节 地形

地形指的是地表呈现出高低起伏的各种状态。地形模块因为具有固定性和基底性，因此它是设计的基础结构，也是其他景观要素设计的重要依托，构成了城市公共空间的地表架构。地形处理得恰当与否会直接影响到其他景观要素的作用。

一、地形之美

首先我们应该看到，地形本身就是具有美学价值的景观，它可以形成丰富多变的形态，产生有趣的视觉效应。因此，在设计中我们要充分挖掘场地中的"地形信息"，通过景观设计的方法对这些"地形信息"加以有效合理地利用，形成景观特色。更重要的是，在设计中应该尽可能地尊重场地的原生地形，避免大挖大填。自然有机的地形形态同样也可以为众人讲述美丽的故事。例如，爱悦广场不规则的层层台地是自然等高线的简化，广场上休息廊的不规则屋顶则是来自对洛基山山脊线的印象，劳伦斯·哈普林（Lawrence Halprin）的设计灵感便源于自然的瀑布和山崖（见图2-1）；日本难波公园采用空间向上退台的方式，仿照层层推进的峡谷地形，仿佛是游离于城市之上的自然绿洲，与周围线形建筑的冷酷风格形成强烈对比（见图2-2）。

图2-1 爱悦广场关于地形元素的设计

图2-2　日本难波公园空间向上退台的设计

二、地形的作用

（一）分隔空间

首先，地形作为基础的景观设计模块，它可以将一个大的空间进行划分与分隔，如凸地形可以通过地形抬升阻挡视线从而分隔不同的空间；而凹地形会因为高差的跌落自然形成内聚空间，营造私密感；在单向坡面设计梯形平台可以供人停留，形成外向性空间（见图2-3～图2-5）。

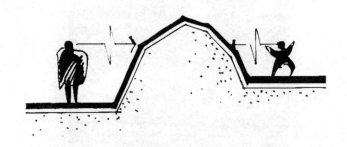

图2-3　凸地形分隔空间

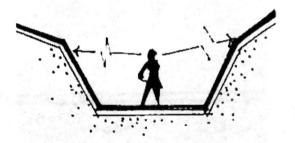

图 2-4 凹地形形成内聚空间

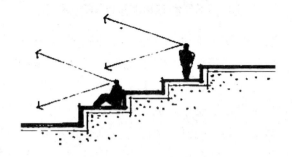

图 2-5 梯形分隔形成外向性空间

（二）营造不同的空间氛围

不同的地形所形成的空间会带给人不同的心理感受。例如平坦的地形可以带来一种开阔宁静之感，适合人行走，人流速度相较坡度地势更快一些（见图 2-6）。带有坡度的地形会让人产生探索、兴奋或崇敬等感觉，同时会增加人的行走难度，减缓人的行进速度（见图 2-7）。

图 2-6 平坦的地形带来开阔宁静之感

图 2-7　狭窄坡度的地形带来兴奋探索之感

在人流量较大的城市街道、人流密集的城市交叉道或是有紧急疏散要求的广场，应尽量选择较为平坦的地形，以确保人群的安全。为了人们的休闲游憩而设计的小游园、街巷等，则应充分利用地形，结合平路、坡路、台阶和平坝设计层次丰富的空间，避免某种形式延续过长产生乏味感。因此，城市公共空间设计中应充分结合现状地形条件，根据实际的使用需求分隔空间，如利用平地布置人流量较大、活动较为频繁的入口区域和中心活动区域，借助地形变化营造出私密性较强的空间等。

（三）阻挡不利因素，营造小气候

设计之初应该对场地区域日照、风向、降水、湿度等气候特征和周边环境干扰要素进行综合全面的分析，选择小气候优良的区域布置主要功能，这样可以有效地利用日照、风向、降水，创造舒适宜人的小气候，如利用地形引导夏季风降温，或利用地形阻挡冬季风等（见图 2-8～图 2-10）。

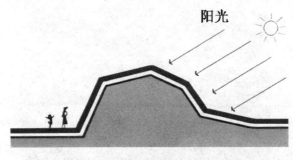

阳光

图 2-8　利用地形降温

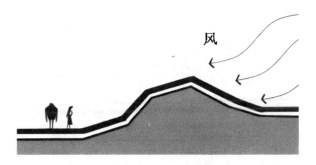

图 2-9 利用地形防风

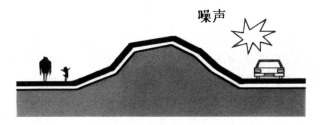

图 2-10 利用地形降噪

起伏的地形能够对场地内局部区域的光照、风向、风速产生一定的影响，从而形成适于人活动或者利于植物生长的小气候条件。比如，南向坡由于日照时间长，大部分时间温暖舒适，适合大多数植物的生长和动物的活动；北向坡由于日照时间短，光热少，温度低，适于阴生和耐阴植物的生长，炎热的夏季可为人提供阴凉宜人的场所。此外，地形还能够阻隔和引导风向，若能通过塑造地形，在冬季阻隔有害主导风向，在夏季形成风廊，则可为城市公共空间创造宜人的室外活动场所。

三、地形改造的方法

（一）分台

分台处理，等高线是影响设计的主要因素；车与人沿等高线行进最省力；如需平地可用挡土墙做到阶梯状的分台改造处理。挡土防护设施也可以通过绿化或其他景观小品的方式对其进行美化处理（见图 2-11）。

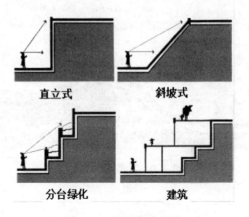

图 2-11 地形分台利用

（二）坡道

当人或车在有高差的地面通行时，在室外坡度不太大的情况下，通常可以设置坡道解决。坡道在解决空间连接问题的同时也会对人的行为活动，如行走速度、心理感受等造成一定的影响（见图 2-12）。

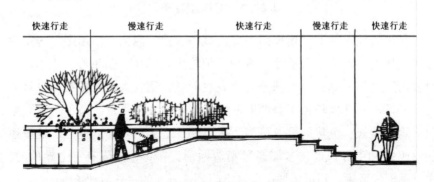

图 2-12 坡度影响行走速度

在景观设计中，坡道的设计还有一些具体的要求，较为常见的有：面层光滑的坡道，坡度宜小于或等于 1∶10；行人通过的坡道，坡度宜小于 1∶8；粗糙材料和做有防滑条的坡道的坡度可以稍陡，但不得大于 1∶6；斜面锯齿状坡道的坡度一般不宜大于 1∶4；残疾人坡道以 1∶12 为宜。

表示坡度的方法有很多种，如比例法、百分比法、密位法、分数法等，这里主要介绍比例法和百分比法这两种较为常用的坡度表示方法。比例法是通过垂直高度变化和坡度水平距离之间的比率来说明斜坡的倾斜度，通常将垂直高度变化的数值简化为 1，如 1∶5、1∶20 等坡度。百分比法公式：坡度 = 垂直高差 / 水平距离 ×100%。

地形的坡度不仅关系到地面排水、坡面的稳定性，还涉及城市公共空间中设施的布置、植被的种植、人的活动和车辆的行驶等问题。坡度大小是景观设计的重要影响因素，地形坡度越大，限制要素越多，景观设计的挑战也就越大。

车行道坡度：最小纵坡为 0.3%，最大纵坡为 8%；人行道坡度：最小纵坡为 0.3%，最大纵坡为 8%；残疾人坡道：坡度不应大于 1∶12，坡道的宽度不应小于 0.90 米。每段坡道的坡度、允许最大高度和水平长度见表 2-1。

表 2-1　室外空间设计的坡度要求

坡道坡度（高：长）	1∶8	1∶10	1∶12
每段坡道允许高度 / 米	0.35	0.60	0.75
每段坡道允许水平长度 / 米	2.80	6.00	9.00

关于休息平台及缓冲地带：坡道中间设休息平台时，深度不应小于 1.20 米；转弯处设休息平台时，深度不应小于 1.50 米；在坡道的起点及终点，应留有深度不小于 1.50 米的轮椅缓冲地带。

理想的排水坡度：1%～3%（最小为 0.3%）；适宜建设的坡度：小于 25%。

植物种植坡度：草坪种植的最大坡度 33%（人力修剪机修剪的草坪最大坡度为 25%、草皮坡面最大坡度为 100%，即 45°）。

（三）台阶

对于高差较大的情况则需要设置台阶，通常当坡度达到 30°～45° 甚至更大时，若要保证人能通行则必须设置台阶。通过台阶的设置可以达到分隔和划分空间的作用。通过台阶模数和形式的变化形成符合人不同活动需求的空间，既能够处理地形的高差关系还可以为人们提供休息活动区（见图 2-13～图 2-15）。

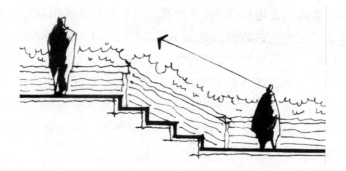

图 2-13　利用台阶分隔空间和联系不同高度的平台

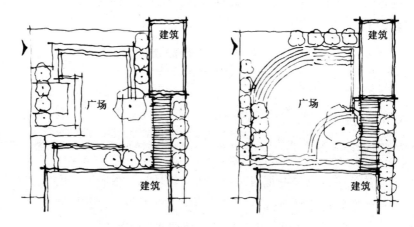

图 2-14　利用台阶进行空间的划分和构型

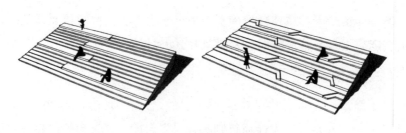

图 2-15　台阶模数和形式的变化

（四）坡道 + 台阶组合式

坡道与台阶相比，解决同样高差时，坡道需要的水平距离至少是常规台阶水平距离的 4 倍。

利用这个特性，在公共空间景观设计中可以将台阶与坡道结合起来设计，这样既能满足无障碍的要求，还能形成一些巧妙而有趣的空间形式（见图 2-16）。

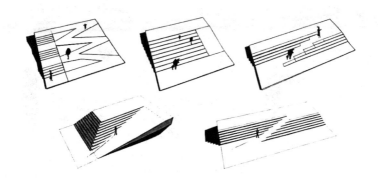

图 2-16 台阶 + 坡道的设计

第二节 建筑

詹巴蒂斯塔·诺利（Giambattista Nolli）绘制于 1748 年的罗马地图展现出了一个具有清晰"图—底"界定的城市——一个建筑实体与空间虚体的有机系统。罗马城的公共空间形态被建筑勾勒出来，他用十分直观的方式将城市建筑与公共空间的关系展现出来，可以说，建筑与公共空间是相辅相成的，它们共同构建了一个城市的空间体系。从景观设计的角度来看，建筑对于公共空间设计的影响和作用也是十分显著的，其中本书着重解析建筑对公共空间作用的三大方面：围合空间、形成界面、营造氛围。

一、围合空间

正如诺利地图的直观反映，城市中的建筑群首先在空间形态上起到了空间围合的作用，它作为"图"或"底"在空间形态上勾勒出了最初的公共空间平面形态。因此，城市中建筑体的组合形式在形态上限定了公共空间的边界，也就决定了公共空间的形状、规模、大小等形态特性，这些都直接影响着景观设计方案的构思与形成。

建筑是围合城市公共空间的空间实体，通过建筑不同形式的围合形成城市公共空间的雏形（见图2-17，见表2-2），展示了城市公共空间中建筑围合的几种类型。

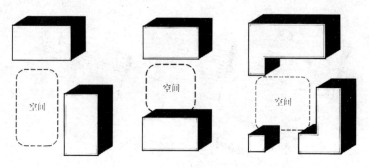

图 2-17　建筑围合空间

表 2-2　城市公共空间中建筑围合类型

直线型	直线型空间呈长条、狭窄状，在一端或两端均有开口，一个人如站在该类型的空间中，能毫不费力地看到空间的终端。例如，城市车行道、街道、商业街等	
组合线型	组合线型空间是建筑群构成的另一种基本带状空间。与直线型空间不同的是，组合线型空间并非那种简单的、从一端通向另一端的笔直空间，这种空间在拐角处不会终止，而且各个空间时隐时现，存在相连接的隔离空间序列。例如，商业步行街、商业综合体等	
聚焦型	中心开敞围合即将建筑物聚拢在与所有这些群集建筑有关的中心开敞空间周围。中心空间可以作为整个环境的中心点，作为总体布局的枢纽。例如，商业广场、活动广场等	

续表

开放型	定向开放空间是被建筑群所限制的空间某一面形成开放性，以便充分利用空间外风景区中的重要景色。应适当地用足够的建筑物围合空间，保证时间能够触及空间外部的景色。例如，纪念性广场、市政广场、滨水广场等	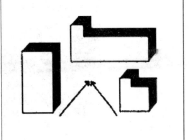

二、形成界面

建筑除了可以限定公共空间的边界，在三维立体的城市景观中，建筑的另一个重要作用就是为公共空间创造了各式各样、类型丰富的界面（见图2-18～图2-20）。在城市中，建筑的界面不但会影响片区的功能业态，建筑界面的功能、形式和特征还会影响人们对于该空间的识别和认知。因为建筑界面与其外部空间有直接的空间和功能联系，并且会在不同程度上影响公共空间中人的行为活动和景观感受，因此在城市公共空间景观设计中不能忽略对周边建筑的界面形式、类型、功能等方面的分析和研究，不仅需要考虑空间本身的特点，还要解读形成该空间的建筑界面的意义。

图2-18 庄严肃穆的市政广场建筑界面

图 2-19　充满趣味的商业空间界面

图 2-20　亲切宜人的生活街道界面

三、营造氛围

　　建筑对城市公共空间的影响不仅限于空间形态和视觉界面，它对空间环境氛围的营造也有着相当大的作用（见图 2-21、图 2-22）。

图 2-21　教堂建筑的氛围营造

图 2-22　小巷商铺的氛围营造

首先，建筑围合形状的影响：方形、圆形等严谨规则的几何形状会给人以庄严、肃穆和稳重的感觉；曲线等不规则形状会给人带来自由、浪漫的感觉；高且深的空间，如教堂，能够令人敬畏；细且长的空间会给人悠远之感。

其次，建筑界面的封闭度也在很大程度上影响公共空间的氛围。一般来说，封闭度越高的建筑界面越能营造出内向、宁静的环境氛围；开敞度较高的建筑界面会有更多样化的活动，这会营造出相对自由热闹的环境氛围。

对于一些城市的历史保护区来说，历史建筑风貌对公共空间的影响更大，这些历史建筑所限定的公共空间是代表着特定历史时期的城市风貌的，它们通常具有较高的历史价值、社会价值和艺术价值，是一个城市的集体记忆和"文化资本"，能营造出深刻的历史环境氛围。这些历史地段公共空间的景观设计不但要考虑建筑围合的空间形态、界面、氛围营造等功能性要素，更重要的是要把保护和传承地方文脉放在首位。

第三节　铺装

一、铺装的作用

地面铺装是城市公共空间底界面形成的重要人工要素，它对于城市公共空间整体环境的形成有着重要的功能作用和美学作用。

（一）功能作用

1. 形成空间秩序与划分空间

铺装材料的拼贴方式在空间中会产生一定的划分空间和组织空间秩序的作用，如强调轴向拼贴的地面铺装会形成十分强烈的纵深感和方向感（见图 2-23），又如放射式的铺装拼贴形式会产生向心性和凝聚力（见图 2-24）。这些空间秩序的暗示会潜移默化地引导人们的行为活动，从而在视觉和心理上达到划分空间的作用。

图 2-23　轴向的铺装

图 2-24　放射式的铺装

2. 提供活动和游憩的场所

为人们高频率的活动和游憩使用提供可以经受长期磨蚀的地面是铺装材料最重要的使用功能之一。相比草坪而言，铺装的地面能够经受住长久而大量的磨损践踏，可以承受人的活动、游憩使用，甚至是车辆的碾压。因此，不论是人与车辆的交通还是人在空间中的活动都需要以铺装作为载体。如果铺装材料使用得当，可以提供高频度的使用而无须太多的维护。

3. 引导交通路径

为人指引方向是地面铺装的一个重要功能。当铺装呈现出带状、线状时，能够指明前进的方向，并通过视线的指引将行人或车辆限定在某个"轨道"上，从而在空间中划分不同的流线（见图2-25）。

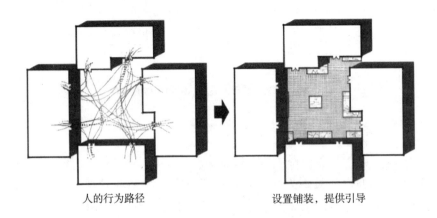

人的行为路径　　　　　　　　设置铺装，提供引导

图2-25　地面铺装引导人的行为路径

4. 暗示游览速度和方式

地面铺装的形式特点还可以影响人行走速度的节奏。

铺装面越宽，游览空间的机会越多，游览的速度便会越缓慢，反之，在路面很窄的情况下，行人只能一直向前走，几乎没有机会停留，行走速度便会越快。

采用质感粗糙的材料如块石、小方石等，能够限制车行速度，暗示步行者的优先权，加强人车混行的安全性。不同的铺装材料会影响人们对行为活动的选择，如砾石、鹅卵石等较为粗糙的地面适合人们的静态游赏活动或儿童游乐活动，平整、光滑的路面更适合快速地通行穿越（见图2-26）。

环氧树脂	儿童活动、集体活动、运动等
大面积石材	集体活动、运动、交往等
混凝土与沥青混凝土	车行、儿童活动、集体活动、运动等
砾石、鹅卵石类	儿童活动、健身、步行、休憩、交往等
砖类	健身、步行、休憩、交往等
小面积石材	休憩、交往等
木材类	儿童活动、观赏、休憩、交往等
孔型砖、植草砖	一般用于停车场，不适宜步入

图 2-26　铺装材质对人心理认知和活动的影响

（二）美学作用

一般来说，当人们停下脚步时，会自然地或下意识地转移目光，观察脚下的地面，这是因为地面是人们能直观接触到的景观之一。所以，规划设计在塑造整体景观的吸引力方面起着至关重要的作用。以确保整体风格合适且舒适为基础，铺装可以提升城市公共空间的美学水平。

铺装的原料种类繁杂、效果人为可控，这为人们的艺术性创作提供了很大的空间。从某种意义上说，铺装更像是人们在大地的底板上以各种色彩和形状的砖、石、木料等为素材，通过拼贴、镂刻、层铺的手段渲染出的地毯式的画卷。铺装首先能将空间的风格基调确定下来，使其与周围建筑风格协调统一。铺装的色彩、质感、构型能为城市公共空间带来独特的个性与美感。这些元素的合理使用能形成空间中的情绪基调，如喧闹感、现代感、静谧感、流动感等。其中每一种色彩、质感、构型的改变，都会对整体效果造成重要影响。

1. 影响空间比例

使用大且广阔的铺装材料可以营造出空间宽敞的感觉，小而紧凑的形状则会使空间更具亲密感、压缩感（见图 2-27、图 2-28）。用砖或条石形成的铺装形状，可被运用到大面积的水泥或沥青路面，以压缩这些路面的表面宽度。在原铺装中加入第二类铺装材料，能对空间进行亚划分，形成更容易被人感知的亚空间。

图 2-27 大块铺装材料的空间感知

图 2-28 小块铺装材料的空间感知

2. 统一作用

在设计中，景观要素的特性会有很大的差异，但在总体布局中都在地面铺装这一底板上展开。作为其他要素与环境之间的连接体，平面二维展开的地面铺装通过不同色彩、不同纹理、不同构型，对三维空间中的各个要素起到装饰、分隔、强调、连接等作用，以自身的表面特性衬托不同的环境要素，使其与周边环境和谐统一（见图 2-29）。

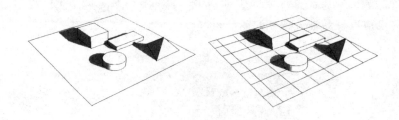

图 2-29　铺装具有统一空间不同要素的作用

3. 文化暗示

地面铺装的色彩、材质、构型等对于城市空间氛围有着显著的影响，能够营造出不同特色的空间，满足城市空间的不同功能需求。例如，色彩丰富、线形活泼的铺装能够营造轻松自由的气氛，而颜色素雅、构图对称的铺装则使空间氛围更为庄重、严肃；光滑、坚硬的花岗岩铺装较能彰显现代风格，而粗糙的青石、卵石与细腻的木材等铺装更能营造自然、古朴的气氛。除此之外，地面铺装的巧妙设计还能表现当地的文化特色（见图 2-30）。

图 2-30　铺装展现中国传统文化

二、常见的铺装材料

在公共空间景观设计中，可以用于地面铺装的材料很多，在应用时主要考虑使用的功能性、安全性、美观性、实用性、耐用性、经济性等方面的因素。这里介绍九种比较常见的地面铺装材料。

（一）沥青

沥青铺装指以沥青作为结合料铺筑面层的路面铺装方法，又包含沥青混凝土、透水沥青、彩色沥青等类型。沥青铺装成本较低、施工较为简单，表面平整无接缝，柔软而有弹性。沥青铺装的缺点在于对温度的敏感性较高，夏季强度会有所下降。沥青铺装常被用于车道、自行车道、停车场、活动场地等。

（二）混凝土

混凝土铺装造价低廉、铺设简单、可塑性强；强度高、刚度大，具有较高的承载力；表面较为粗糙，具有良好的稳定性，受气候等因素的影响较小。通过一些简单的工艺，如染色、喷漆、蚀刻等，能够设计出各种图案。混凝土铺装常被用于车道、园路、停车场等。

（三）透水性混凝土

透水性混凝土是一种由多个通向外部空气的蜂窝状多孔结构构成的建筑材料，这种混凝土通过在其材料中留有空隙，具备出色的透水、透气、保水和通风等方面的性能，而且其重量轻、强度高、耐久性强，这些都是传统混凝土所无法比拟的。此外，我们可以通过多种方式对透水性混凝土进行着色，这使设计师在设计过程中能多元化地进行色彩选择，从而强化设计的灵活性和方便性。

（四）石材

常见的石材有花岗石、大理石、砂石、卵石等。利用石材的不同质感、色彩及铺砌方法能组合出多种形式，在景观设计中应用广泛。石材铺装具有良好的耐久性、刚性，同时具有丰富的色彩肌理，观赏性也较强，既能满足使用需求也符合人们的审美需求，但造价较高。

（五）砖

砖是一种历史悠久的铺装材料，铺砌方便、坚固耐久、色彩丰富，拼接方式也变化多样。利用砖本身丰富的色彩与多样的拼接方式，能够形成不同的纹理图案，使空间具有浓厚的人情味。由于砖的体块较小、拼法自由，因此多用于小尺度的空间。砖还可以用于其他铺装材料的镶边和收尾等。

（六）预制砌块

砌块是一种人工制造的块状材料，主要由混凝土、包括粉煤灰和炉渣在内的工业废料或各种地方材料制成，其尺寸较砖更为多样化。由于砌块铺装具备防滑、舒适、易施工及经济实惠等优点，我们常常可以在城市广场、人行道等场所看到这种材料。另外，砌块有许多颜色和拼接方式可供选择，可以为设计增添更多的趣味元素。

（七）卵石

卵石铺装是指在基底混凝土层上铺设一定厚度的砂浆，然后将卵石平整嵌砌的路面铺砌方法。卵石铺装肌理细密、装饰性强，可以拼接出丰富多样的图案。卵石铺装不宜大面积使用，一般不运用于主要道路，多作为辅助铺装增加空间的情趣。

（八）木材

木材容易腐烂、干裂，应注意防腐处理，作为室外铺装材料不宜大面积应用。但是木材铺装也有不可替代的优点，其色彩肌理自然、柔和，相对于其他材料能给人以亲切、舒缓的感受，常被应用于栈桥、休憩平台、亲水平台等位置。

（九）塑胶

塑胶主要用于健身跑道、运动场、儿童活动场地，具有颜色持久、整体性好、无接缝、排水快的特点。

三、铺装设计

（一）不同铺装材料的搭配

一般情况下，当卵石和砾石与大型石板结合使用时，能够呈现古朴且气派的风格，同时结合后的效果也带有一定的趣味性。在结合砾石或卵石与青砖、孔形砖的情况下，设计者可以塑造出不同的设计风格。当碎石、砾石、自然石块、卵石等混合在一起时，所营造的艺术氛围颇具自然山野韵味。

当砾石、碎石、卵石或自然石块与木砖或枕木结合时，多体现出休闲气质，其风格是亲民、自然、自由而富有乐趣的。

当卵石与混凝土铺装结合时，多用于新中式的铺装风格中，或者其他带有地方风情的铺装设计中。在现代化的整体感觉中，以卵石点缀出具有生活气息的韵味。

当砾石、卵石与金属或其他特色性的铺装材料结合时，能够利用其极为丰富的材料拼花和变化体现出各种灵活多变的文化特征。

当石板与枕木结合时，一般能够在现代感的设计与自然感的景观之间寻求到一个平衡点，将人工与自然结合为一体。石板在具有现代感、人工感的同时，也能够配合多种材料进行各种风格的营造，一般来讲，石板是具有高兼容度的铺装材料。

青砖与砾石、卵石、石板石块、枕木等材料结合后，由于青砖带有非常独特的历史感、自然感，会将空间进行一个基本定性，空间会呈现出较为明显的古朴、自然、文化韵味。

红砖也有着独特的风格，当其与砾石、卵石、石板等结合的时候，会呈现出朴素的不加人工雕琢的风格。

透水砖与石板一样，也是兼容度非常高的铺装材料，其表现风格与拼花等元素密切相关。

彩色透水性混凝土、透水性沥青混凝土、透水性环氧树脂之间的相互结合会呈现出具有活力的运动感，十分适宜少年儿童的各种活动。在这几种材料结合之外，还可以加入卵石、彩色陶瓷片等风格明确的铺装材料进行点缀，能将运动感和活力感推上新的高度。

（二）景观铺装构型

1. 同一单元形式

块料铺装是城市公园应用最为广泛的铺装形式之一。将石材、木材、砖料等加工成形状、尺寸不同的单元个体，通过拼贴形成不同风格的景观地面。同一单元形式只涉及单元个体，通过单一构型的位置、方向、排列及近似产生多种变化。嵌套形式是复杂化的同一单元形式，可突破铺装材料规格的限制，扩大构型单元的尺寸，体现场地的尺度感。

2. 组合单元形式

在景观铺装中，两种或两种以上的构型单元相组合，可以丰富铺装形式，增强铺装的观赏性。根据构型单元间产生联系的方式不同，可分为并列、嵌合、穿插等形式（见图 2-31）。

图 2-31　铺装的组合单元形式

3. 整体形式

通常沥青或混凝土在材料凝固之前，平摊形成无缝的面状铺装。随着工艺的发展，也出现了不同构型的彩色混凝土及在混凝土上压制出图案的整体形式；另外，景观中的整体无图案的塑胶形式铺装也属于整体形式铺装。砾石、鹅卵石等小尺寸碎料也能达到类似的效果。

（三）构型拼贴方法

1. 重复

相同的块料沿着一定的方向反复排列形成的连续图形就是重复。在构成中，基本形可以在方向、尺寸、色彩、肌理上进行变化，但基本形状保持不变。重复构成是最规律稳定的构成形式之一，节奏感强、统一性高，在铺装设计中最为常见。按排列方式的不同，可分为简单重复、交错、变向、正负交错、交叠、咬合等（见图 2-32）。

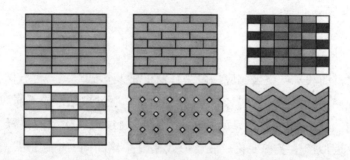

图 2-32　重复的拼贴方法

2. 近似

近似相比重复更为自由，每个基本形可不相同，但具有共同特征。在城市景观铺装中，较为常见的如冰裂纹、碎拼等（见图 2-33）。近似构成可以在构型单元的形状、大小、方向、肌理等方面做诸多变化，形成自然野趣的风格。

图 2-33　近似的铺装拼贴

3. 渐变

由一个基本形进行有规律、有步骤的变化，从而演变成另一种特定的基本形，产生较为强烈的透视感或空间感（见图 2-34）。

图 2-34　渐变的铺装拼贴

4. 放射

放射是构型单元围绕一个或多个中心点，向内集中或向外扩散而形成具有强烈的动感和视觉效果的构成形式（见图2-35）。景观铺装采用放射的构型，可凸显放射中心的重要地位，故多在中心设置雕塑、花坛、水景等构筑物或特色铺装形式。

图2-35 放射的铺装拼贴

此外，还有一些景观铺装设计显著区别于同质化排列，意在打破原有的规律，利于视觉焦点及突出重点、彰显地位。这些特异的设计往往统一性、规律性较强，如在重复、近似、渐变、放射等构成中穿插进行，从而彰显场地的文化内涵。

第四节 植物

一、植物景观的作用

在植物景观设计中，植物主要具有三大基本功能，即生态功能、建造功能和美学功能。

（一）生态功能

城市中的植物对生态环境来说至关重要，它们有助于提高空气质量、减少尘埃、调节温度和湿度、减缓风速、减轻洪水压力，是维护生态平衡和改善环境的关键因素。植物被广泛认为具有重要的生态效益和环境功能，在植物景观设计中，它们最重要的作用是提供生态环境服务。

在进行城市公共空间景观设计时，应当了解植物的生态习性，合理应用植物造园，充分发挥植物的生态效益，以改善我们的生存环境。

（1）净化空气：主要包含维持空气中二氧化碳和氧气的平衡，吸收有害气体，吸滞粉尘，杀灭细菌。

（2）改善城市小气候：调节气温和增加空气湿度，如垂直绿化对于降低墙面温度有着明显的效果。

（3）降低城市噪声：林木通过其枝叶的微振作用能减弱噪声。减噪作用的大小取决于树种的特性如何。

（4）净化水质。

（5）保持水土、防灾减灾：树木和草地对保持水土有非常显著的功能。植物能通过树冠、树干、枝叶阻截天然降水，缓和天然降水对地表的直接冲击，从而减少土壤侵蚀。同时树冠还截留了一部分雨水，植物的根系能紧固土壤，这些都能防止水土流失。[①]

（二）建造功能

植物具备建造功能，该功能指的是植物可被用于打造类似建筑结构的空间。植物能在景观中充当类似于建筑物的地面、顶棚、墙面等限制和组织空间的建造要素。植物可以用于空间中的任何一个平面，即地平面、垂直面和顶平面；同时也可以利用植物构成和限制空间形成诸如开敞空间、半开敞空间、覆盖空间、垂直空间、完全封闭空间等；从建筑角度而言，植物也可以被用来完善由楼房建筑或其他设计因素所构成的空间布局，从而形成连续的空间层次（见图2-36、图2-37）。

开敞空间：利用较为低矮的植物界定空间，空间外向、开敞、无私密性。选用的植物有低矮灌木、草坪地被植物、草本花卉等。

半开敞空间：较高的植物部分封闭了空间的一面或多面，与开敞空间相比开敞程度较低，具有朝向开敞面的方向性。选用的植物有乔木、灌木等。

垂直空间：利用形态高耸的植物形成方向直立、朝天空开敞的室外空间，常将枝叶浓密的植物修剪成圆锥形，形成垂直向上的空间态势。

覆盖空间：利用具有浓密树冠的乔木，形成顶部覆盖而四周开敞的空间，如选用植物为落叶乔木，则夏季封闭感较强，冬季封闭感较弱。

完全封闭空间：此类空间与覆盖空间类似，但四周被中小型植物围

---

① 陈晓刚主编：《风景园林规划设计原理》，中国建材工业出版社2021年版，第10页。

合，形成垂直面上的空间界限，具有较强的隐私性和隔离感。

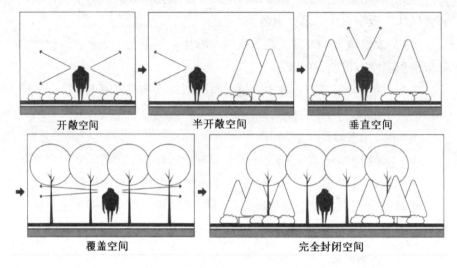

开敞空间　　　　　　　　半开敞空间　　　　　　　　垂直空间

覆盖空间　　　　　　　　　　　完全封闭空间

图 2-36　植物的空间作用类型

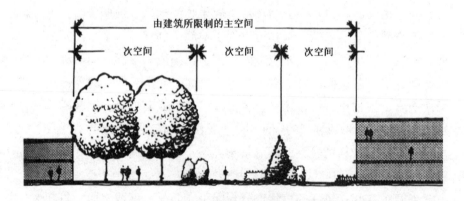

由建筑所限制的主空间

次空间　　　　次空间　　　　次空间

图 2-37　利用植物的建造作用分隔空间

（三）美学功能

按照美学的观点，植物可以起到连接建筑与周围环境的作用，从而创造出和谐统一的环境，突出重点区域和划分空间，弱化建筑的外观单调感，并且对视线的限制和引导起到积极作用。

植物造型柔和、较少棱角，颜色多为绿色，令人放松。因此，在建筑物前、道路边沿、水体驳岸等处种植植物，可以起到软化的作用。在城市街道中重复连续的行道树使复杂多变的街道在视觉上具有整体性（见图2-38）。

图2-38 植物的协调与柔化作用

此外，植物会随季节而变化，春日桃红柳绿，夏日莲荷竞放，秋日霜叶如染，冬日寒梅傲雪。有的植物四季叶色变化明显，有的植物花果观赏价值高，有的植物在冬季落叶后枝干姿态优美。在公共空间的植物配置中，植物的形态与色彩对景观十分重要，配置效果要注意四季叶色变化与花果交替规律，有两个季节以上的鲜明色彩为好。

二、植物设计的基本形式

树木的配置方式是较为多元化的，各具特色，但总体而言，我们可将其归为两种配置类型：规则式、自然式。

规则式，又称整形式、几何式、图案式等，是把树木按照一定的几何图形栽植，具有一定的株行距或角度，整齐、严谨、庄重，常给人以雄伟的气魄感，体现出一种严整大气的人工艺术美，视觉冲击力较强。

自然式，又称风景式、不规则式，植物景观呈现出自然状态，无明显的轴线关系，各种植物的配置自由变化，没有一定的模式。树木种植无固定的株行距和排列方式，形态大小不一，自然、灵活，富于变化，体现柔和、舒适、亲近的空间艺术效果。

在城市公共空间景观设计中，植物种植有以下五种常见的基本形式。

（一）孤植

在较为开敞广阔的公共空间中，单独种植一株乔木称为孤植。孤植多处于视觉中心形成主景，也可起引导视线的作用，并可烘托建筑，具有强烈的标志性、导向性和美学作用。孤植主要突出表现单株树木的个体美，一般为大中型乔木，寿命较长，既可以是常绿树，也可以是落叶树；要求植株姿态优美，或树形挺拔、高大雄伟。

（二）对植

对植指的是在构图中轴线的两侧种植形态相似、体量相当的同种树木，以增强呼应效果。选用树种时，我们要优先考虑那些树形优美且适合种植在建筑前、广场入口、大门两侧等位置的树木，这类树木可以起到突出主景的作用，也可以被视作夹景、配景，以增强透视感，提升整体景观效果。

（三）列植

在进行树木种植时，按照带状排列进行种植的方式就是列植，包括单列、双列、多列等不同类型（见图2-39）。列植这种种植方法通常被用来装饰公路、广场、城市街道、大型建筑周围及河岸等区域。在运用列植方式种植树木时，我们需要确保两侧呈对称状态，二维角度的株行距需要保持一致，而树木的冠径、胸径和高度则应该大致相等。需要注意的是，这里所说的"对称"并非字面上的绝对对称，如株行距不一定要严格相等，它可以呈现一定的规律性变化特点。通过列植树木打造成片的林地，我们可将其用作装饰区域或者分割空间，同时利用沿园路种植的树木将游客的注意力引向某些景点。

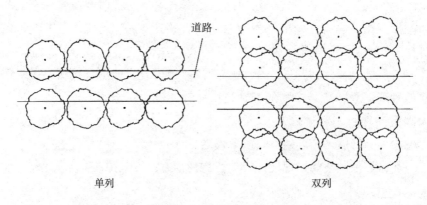

图2-39　列植的类型

（四）丛植

根据特定的布局，把 2～3 株至 10～20 株相同种类或不同种类的树木错落摆放在一起，使它们的树冠密集结合，呈现出整体统一的外观，这种排列方式被称为丛植。丛植处理过的植物群体之所以能呈现出迷人的外观，是因为树木的布局和搭配恰到好处，具备统一而独特的艺术风格。

我国画理中有"两株一丛的要一俯一仰，三株一丛要分主宾，四株一丛则株距要有差异"的说法，这也符合植物配置构图。在丛植中，有两株、三株、四株、五株以至十几株的配置，都可以遵循上述构图原则（见图 2-40）。

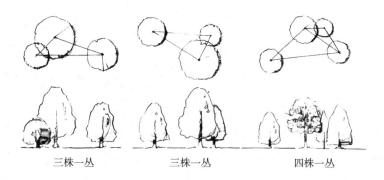

三株一丛　　　　　三株一丛　　　　　四株一丛

图 2-40 丛植配置常见的构图方式

（五）群植

群植指成片种植同种或多种树木，通常包含乔木、灌木的组成。从结构上可分为乔木层、亚乔木层、大灌木层、小灌木层和草本层（见图 2-41）。

乔木层
亚乔木层
大灌木层
小灌木层
草本层

图 2-41 群植的结构层次

61

三、植物与建筑的互动

将园林植物与建筑相结合，可以实现自然风光与人工设计的完美融合，只要我们对其加以合理处理，它们之间的互动将呈现和谐统一的效果。植物的五颜六色、优美形态和宜人气息有助于赋予建筑更多的美感，充实其生机勃勃、多变的特性，还可以维持设计的动态平衡，进而使建筑与周围环境的和谐程度得到提升。植物与建筑的互动关系主要表现在空间上的围合与协调、视线上的引导与遮蔽、构成上的融合与渗透，以及统一、强调和识别等方面的作用。

（一）围合与协调

植物和建筑一样可以围合空间。建筑是由墙、顶棚和地板围合而成的，而植物在公共空间中也可以充当围合空间的要素。在城市公共空间中植物可以与建筑共同围合空间，协调广场、街道空间。

（二）引导与遮蔽

植物材料类似于竖立的屏障，不仅可引导人们的视线、遮挡不雅景象，还有助于塑造独具特色的景观。由于植物具有遮蔽视线的作用，因而空间私密感的程度将直接受植物的影响。如果植物的高度高于2米，则空间的私密感最强；齐胸高的植物能提供部分私密性；而齐腰的植物则难以提供私密感（见图2-43）。空间私密性的强弱与人们视线所及的远与近、宽与窄有一定的关系。

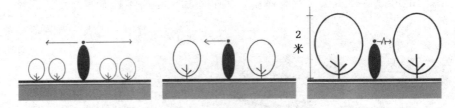

图2-42　植物高度与空间的视线关系

利用植物、人、建筑物的视点与位置关系可以引导或遮蔽景观视线，从而组织公共空间序列和影响人在空间中的行为活动。

（三）融合与渗透

从城市整体景观风貌上看，城市建筑的屋顶绿化、垂直绿化等做法可以很好地维系城市景观在空间形态、生态功能和视觉感知上的连续性和统一性，形成建筑与植物之间的相互融合渗透关系，特别是一些山地城市，建筑屋顶极有可能就是城市中重要的公共活动空间，因此立体化的建筑绿化可为城市空间增添景观植物和景观层次的维度，促进城市中建筑与植物景观的有机融合。

（四）统一

植物通过重现或延伸建筑轮廓线使建筑物和周围环境相协调，构成视觉上的统一协调效果（见图2-43）。

图 2-43　植物与建筑的互补统一

（五）强调

植物可以通过与建筑截然不同的大小、形态、色彩等特性，从而凸显或强调建筑的空间形态与造型特征（见图2-44）。

图 2-44　植物的强调作用

（六）识别

植物能使景观具有识别性，这种识别性主要体现在两个方面：一是空间上的识别性，即植物能作为空间的焦点，强化空间特征，如在公共空间的出入口、重要雕塑的周围等位置，利用植物特殊的大小、形状、质地和排列方式，衬托某些景物的重要性与特征，增强可识别性；二是地域上的识别性，即本土植物能体现地方特色，如棕榈科植物的种植使景观带有强烈的热带特征，而杨树、白桦等则体现着豪迈、粗犷的北方气质，黄葛树则有着鲜明的重庆特色。

第五节　水景

人与生俱来的亲水性是水这一景观设计要素被广泛应用的重要原因，并且水体是一种具有高度可塑性和弹性的设计要素，水体可以根据设计条件的变化产生许多出人意料的惊喜效果，从而提升城市公共空间的趣味性，激发人们的想象或意境。

一、水景的空间作用

水景设计中通常需要考虑其对空间的影响和作用。一般来说，水景对于城市公共空间有着限定空间、联系空间和形成视觉焦点的作用。

（一）限定空间

利用水面限定空间效果较为自然，人们的视觉和行为在无意中得到了控制。水面对于空间的限定是平面上的，视觉上具有连续性和渗透性（见图2-45）。正因如此，水面还同时具有控制视距的作用，达到突出和渲染景物的艺术效果。

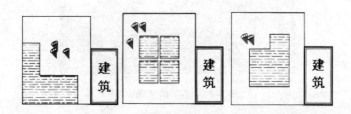

图 2-45　水景的限定空间作用

（二）联系空间

水能够作为一种关联要素，将散落的空间和景点连接起来产生统一感，形成线状或面状的整体空间。即使设计中没有较大的水体，但在不同的空间中对水这一元素的重复安排，也能加强空间之间的联系（见图 2-46）。

图 2-46　水景联系空间

（三）形成视觉焦点

将景观效果良好、容易引人注目的水景如喷泉、瀑布、水帘、水墙等安排在向心空间的焦点上、轴线的焦点上、视线容易集中的位置时，水景就成为空间的视觉焦点（见图 2-47）。

图 2-47　水景的焦点作用

二、利用水景营造氛围

（一）营造静态空间

静水景观具有平静、空灵、轻盈之美，适用于地形平坦、无明显高差变化的场地（见图 2-48）。

图 2-48　静水景观

镜像效果是静水最重要的表现内容之一，水面周边建筑、植物、景观小品等的倒影能够增加空间的层次，为赏景者提供了新的透视点。静水景观设计应充分考虑与其他景观要素的结合，避免空洞、平淡。水形的选择应根据实际环境的需要，营造寂静肃穆或轻松愉悦的氛围。静水耗水、耗能较小，但应注意水质的维护与对环境的生态效益。

（二）营造动感空间

动水景观指具有运动特征的水体，如流水景观、跌落的瀑布、滑落的水景、喷泉等，具有活泼、灵动之美，结合水声、光效，形成丰富多彩的景观焦点，为室外环境增加活力与乐趣（见图 2-49）。

图 2-49　动水景观

除了可以带来景观感受的不同，公共空间中的水还能增强空间的可参与性和吸引力，给使用者带来各种乐趣。无论是游泳、垂钓、划船等运动休闲活动，还是简单的亲水、戏水活动，人们都能在其中找到乐趣。在开发水体用于娱乐的同时，应注意考虑整体景观效果，并保护水源、水体。

三、水景的环境功效

（一）调节气候

水可以通过蒸发来调节室境空气和地面温度，无论是池塘、河流或喷泉，其附近空气的温度一定比没有水的地方低。水域可以显著地改变周围环境的空气温度和湿度。在夏季，微风吹过水面，使人感到凉爽；而在冬季，水面释放的热量则会使周围地区变暖。另外，水和空气中的分子碰撞可以释放许多负氧离子，这有助于净化环境，对人们的身心健康也有一定的益处。

（二）控制噪声

城市公共空间中利用瀑布或流水的声响可以减弱噪声，特别是在城市中有较多的汽车或人群嘈杂的环境中，利用水景可以营造相对宁静的气氛。例如纽约曼哈顿的佩里公园，利用挂落的水墙，阻隔了大街上的交通噪声，营造轻松愉悦的氛围，使人们远离城市的喧嚣。

第六节　景观小品

景观小品本质上是一种小型公共设施，主要在室外场所供人们使用或能够为视觉景观增色，一般来说，它们不大且独具设计特色。这些景观小品是城市公共空间中的点睛之笔，它们可以丰富空间层次、增加景观的多样性，具有很高的审美价值和实用价值。有的景观小品不但能丰富人们的公共游憩空间，还具有很高的艺术价值，能形成景观视觉亮点，甚至成为城市公共空间中的标志物。因此，景观小品是丰富城市公共空间形态和提升城市环境品质重要的设计模块之一。

一、景观小品的作用

（一）实用功能

对于城市公共空间而言，景观小品应当首先考虑提供各种实用设施，如休闲座椅、服务亭、路灯、路标牌等，以满足人们的日常活动需求。这些户外设施被人们称为城市家具，因为它们方便市民进行户外活动。城市家具的设计都带有明显的功能性导向，如指示牌和路标，旨在为公众引导方向；城市居民可以在街道和广场上的户外座椅上休息和进行社交；护栏、围墙和栏杆等在确保居民安全方面发挥着关键作用。城市公共空间中的各种景观小品具备解决人们不同需求的功能，这是其实用性特征的重要体现。

（二）审美功能

景观小品不仅具备实用性功能，同时还能美化城市空间，向公众传达城市文化的内涵。当我们在城市中欣赏各种独特且具有创意设计的景观小品时，我们能够更为深刻地感受城市文化的精髓气息。尤其是城市公共空间中的各种景观小品，其设计往往独具特色、引人注目，可以在很大程度上展现城市独特的风采。这些景观小品不仅能让城市环境变得更加美丽，同时也能为当地居民营造浓厚的地域文化氛围，树立地方文化自信，提升地方人们的文化认同感。因此，通过景观设计，景观小品还能成为地方文化和历史记忆的空间载体（见图 2-50）。

图 2-50　景观小品的装饰美化作用

（三）空间功能

如能把多个景观小品有序地组织在一起，从而形成协调统一、有趣变化的系列组景，不仅能够最大限度地满足使用需求，还能对较大的空间进行划分，满足造景、美化、使用、集约等方面的空间功能需求（见图 2-51）。

图 2-51　景观小品划分空间

二、景观小品的类型

空间功能类：包括室外座椅、遮阳伞、观景亭等供人休憩或停留的景观设施，以及护栏、景墙、围墙、沟渠等阻拦或引导人流的景观设施。

公共服务类：包括售货亭、果皮箱、饮水台、洗手钵、电话亭等为大众提供公共服务的景观设施。

标识导示类：包括装置艺术、雕塑、灯塔等具有标识性的景观复合小品，以及标志牌、警示牌、告示牌等为人们提供信息指引的导示设施。

美化装饰类：包括花池、树池、景观灯柱等，外观别致、独具风味，能够美化城市环境，展现城市特色的景观小品。

康健娱乐类：包括健身设施、儿童游戏设施等为人们提供娱乐健身项目的景观小品。

此外，还有交通岗亭、电话亭、消防栓、路灯等城市市政公用设施。

第三章　城市公共空间景观设计理论

　　城市公共空间景观设计是一门综合了大量自然和人文科学的学问，与许多领域的理论知识都有紧密的关系，本章将从城市公共空间景观设计原理、城市公共空间景观设计原则和城市公共空间景观设计流程三个方面进行论述。

第一节　城市公共空间景观设计原理

城市公共空间景观设计不仅是为了给城市创造出美好的视觉景观形象，还要综合考虑更多具体的、多方面的社会现象和城市问题，如城市公共利益、城市职能属性、地域文化、地方文脉、使用者的行为心理、城市的生态环境、地理气候等。因此，景观设计师在设计中需要应用到环境行为学、心理学、美学、城市学、社会学、生态学、历史学、地理学等学科的相关理论知识，它与许多领域的理论知识都有紧密的关系。本节选取了以下与城市公共空间景观设计联系较为紧密的四个相关原理进行详细讲解。

一、环境行为学

环境行为学是一门研究人类与其周围环境之间相互作用的学科，涉及个体经验、行动与物质、社会、文化环境之间的关系。我们可以利用环境行为学的基本原理和技巧，研究物质空间活动，并探讨个体在感知环境后所作出的反应。在此基础上，我们可以将这些研究成果应用于景观设计，以提升人们的户外体验与生活质量。通过研究人们在各种环境中的行为和心理过程，我们可以将个体的日常惯例和设计者的直觉经验提升为理论和科学的层次，进而为公共空间设计奠定坚实的科学基础。

环境行为学致力于以人类需求为中心，通过其研究方法和成果，提升城市公共空间的品质，能够为打造契合人们需求的优质公共空间提供学术支持。研究城市公共空间时，从人类角度出发可以有效提升公共空间的质量。运用环境心理学的理论指导公共空间的规划，既能创造一个亲切宜人的场所，也能激发和提升城市公共空间的活力。

丰富多彩的活动是构成城市公共空间的重要组成部分，也是形成城市活力的基本条件之一。城市公共空间中人的行为活动有以下 5 个特点。

（1）多样性，即行为活动的差异性。公共空间是城市中公共活动的"发生器"，具有公众性和公共性的特征，因而在其中产生的行为活动自然也是多样性的。

（2）复杂性。公共空间往往会受到来自城市多方面的影响，因而活动人群的类型、行为、活动区域等都具有一定的不确定性和复杂性。

（3）时效性。一天之中，在城市公共空间产生的行为和活动并非均值或线性发展的，而是受到城市周边业态环境、建筑功能、交通区位等因素的影响，具有时效性特征，如办公区的广场在通勤高峰期人来人往，居民楼附近的绿地每逢傍晚时分热闹非凡。

（4）指向性。虽然公共空间中人的行为活动有着多样性和复杂性特征，但也具有一定的指向性，因为人的行为活动在正常情况下是有目的性的，如上班、购物、散步、约会等，我们可以通过设计前期对场地及周边的分析，对这些活动的产生作出预判。

（5）群体性。从基因学的角度来讲，人本身就具有从众性，在公共性的城市空间中，群体性活动发生的概率变得更高，如儿童的活动通常是成群结队的，如今中老年人所热衷的广场舞也是一种群体性活动，这些活动时常发生在城市的公共空间中。

二、场所理论

诺伯舒兹（Christian Norberg-Schulz）在其著作《场所精神：迈向建筑现象学》中认为，场所是一个以特定特征为界定的空间，可供人们居住和活动，由具体的物质元素如形态、结构、色彩等构成，是一种具备完整性、统一性的整体。而所谓的"场所精神"涵盖了方向感和归属感两个要素。只有当方向感和认同感这两种精神状态得到完全发展时，人才会产生对场所的真正依赖，即归属感。

古罗马城市一般都有广场，开始是作为市场和公众集会的场所，后来也用于发布公告、进行审判、欢度节庆，甚至举行角斗（见图3-1）。场所精神源于古罗马人对场所守护神的信仰。古罗马人认为，每一种"独立的"本体都有自己的灵魂，守护神灵这种灵魂赋予人和场所以生命，自生至死伴随人和场所，同时决定了他们的特性和本质。

图 3-1　古罗马广场遗址

（一）方向感

方向感是指人们在判断方向的过程中，意识到自己在环境中的位置，并准确把握方向、方位的能力。在到达一个新地点时，人们的首要任务往往是确认方向，了解自己所处的位置。在《城市意象》一书中，凯文·林奇详细地研究了构建城市空间结构的五个组成要素：节点、道路、区域、边界、标识。按照他的观点，这些要素可对人们的导航能力产生重要影响（见图 3-2）。个体利用感知整合这五个要素，能够形成独具特色的空间结构，也就是所谓的"环境意象"。

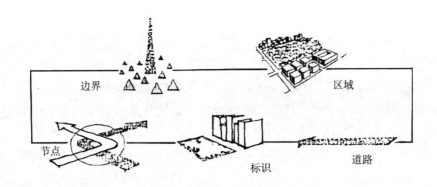

图 3-2　城市意象五要素

清晰明确的空间结构是人们对某一空间产生印象的前提，也是人们获得方向感的基础，这时的人们容易体会到安全感。如果空间结构缺乏

73

秩序和明显特征，那么环境的意象性就会变得难以把握，最终身处其中的人会因为不能形成清晰明确的方向感而产生陌生感与失落感。

（二）认同感

除了从环境中获取方向感，人们还需要通过个体感知和区分自己与周围环境之间的联系来获取对自身所处位置的认知，也就是与环境产生一种认同感。认同感是个体对特定环境特征产生的怀旧或熟悉情绪。方向感和认同感是在人类认知发展过程中出现的心理现象，其中，方向感更加简洁直接，而认同感更为复杂，内容更详尽；方向感是建立和巩固个人认同的基础和支持，而认同感是个体对周遭状况的深刻理解，涵盖情感与认知层面的体验与领悟。当一个人的方向感和归属感被充分发展时，他们才会真正依恋某个地方，也就是获得一种归属感。此外，人们对某个地方的认同感和归属感可以持续较长时间，成为个体发展过程中的一股持久动力。

（三）归属感

归属感是经常在此活动的人对场所的依赖达到一定程度的体现。具有归属感的空间，在这里可以碰到熟悉的人，或兴趣爱好一致的人，并对空间中的方向、路径、区域等非常熟悉，这一切都会给人带来安全感，会让人精神放松，这是由人、活动及场所构成的熟悉性特质，是归属感的核心所在。

需要注意的是，被迫搬到其他地方工作和生活的人，他们对家乡的情感被称为"原乡情结"，这种情感最能体现人们对地方的情感回应。人们会在与特定场所的互动中逐渐深化情感，最终产生对该地点的依恋感。一些学者认为，人们对某些地方产生舒适感并感到安全，就像身处家中那样，这种情感表现了个体对生活场所的认同和依赖，也就是个体在内心心理层面产生的一种归属感。

总而言之，设计师的根本任务是创造那些有意义的场所。城市公共空间作为提供城市居民活动的场所应该得到当地居民的广泛认同，是能够让使用者产生归属感的地方，因此公共空间景观设计不仅是对城市空间进行简单的功能划分，更重要和更具有难度的是对城市空间"精神"的创造。

三、形式美法则

在自然界和人造景观中，要素存在于一切物质形态中。多种要素的组合形成了景观的整体。每一种要素在整体空间中所占的比重和所处的地位，都会影响到空间的整体统一性，所以景观要素的统一关系、主次关系、对比关系、比例关系、韵律关系的创造，都应遵循形式美法则。如果公共空间作为社会的象征、思想的聚集地，那么必须具备一套实现这个目标的技术手段，而形式美法则正是景观设计探索高于生活的崇高境界的手段。

从东西方对形式美学的探索来看，出发点和侧重点各不相同，有的从"经验概念"中来概括，有的从"纯粹概念"上来区分。中国的形式美学往往是一种经验的总结，有许多是从哲学、宗教学中移植或演化过来的，与经验思维有许多相同或相通之处。西方形式美学在经验性上同中国形式美学的重大区别就在于它们与科学的紧密联系。从毕达哥拉斯学派开始，西方形式美学就与数学结下了不解之缘，之后，物理学和天文学也对西方形式美学产生了直接影响。所以，西方美学关于形式的阐述是思辨的，而中国美学则多从政治的、道德的或个人经验的角度进行形式美的探讨。国家与民族之间的审美差别，并不排除客观存在事物所表现出来的共性。人类在创造自然、改造自然的进程中，始终离不开形式美法则，追求内容与形式的完美结合。

（一）统一关系

在对统一关系的认识方面，不能认为形态的相同就是统一。通常情况下，在创作和设计作品时，人们不仅会追求外表的统一性，还习惯于关注物体内部属性之间的密切关联。作品的统一性可以通过多种方法加以展现，如保持相同的形式、使用统一的表现方式、确保内容与形式相互匹配，以及保持一致的设计风格等。

帕提农神庙中 46 根统一的多立克式立柱形成整体的协调与气势，而山花雕刻丰富华美，使整个建筑既在庄严肃穆又不失精美（见图 3-3）。

图 3-3　帕提农神庙

（二）主次关系

无论自然形态还是人造形态，都表现出形式的多样性、差异性，而主次差异对景观的整体性影响最大。在景观设计中，主体要素构成了环境的主要特征和重点，次要要素则丰富了空间的形态和层次。在建筑设计和景观设计中，无论是平面到立面、内部空间到外部空间、整体的形式到局部的装饰，都存在着主与次的对比关系，如米兰大教堂的空间组织、外立面的形式，故宫建筑群的平面布局，都是把重点部分放在轴线中央加以强化，突出主体。在城市公共空间规划设计中布局往往是围绕着标志性建筑物或空间内主要设施而展开的，如很多广场空间的中心会有一个喷水池或者雕塑。

（三）对比关系

对比是一种普遍存在于客观世界中的现象。在设计领域，对比被广泛应用。该领域的许多情况存在相互对比的概念，如简易与繁杂、巨大与微小、众多与稀少、高低、速度快慢、寒暖、明暗、重要与次要等。我们不仅可以在视觉上观察到对比现象，它还会涉及心理、外观、数学和动态等方面。对比指的是比较事物之间的差异，这些差异可能在一个或多个方面上表现出来。对比结果将带来一种新的变化，从而扰乱某些现象原有的平衡。

（四）比例关系

比例关系不仅是影响人感知的重要空间要素，也是构成形式美的关键。长久以来，人们一直试图把形式美通过数量的形式表达出来，将这些数量的经验变成一种永恒的定律流传后世。比例尺度指的是部分与部分或部分与整体之间存在的数量关系，如黄金分割被公认为是最能引起美感的比例，它是把一条线段分割为两部分，使较大部分与全长的比值等于较小部分与较大部分的比值，这个比值即黄金分割（见图3-4）。其比值是（-1）: 2，近似值为0.618。黄金分割具有严格的比例性、艺术性、和谐性，蕴藏着丰富的美学价值，这一比值被认为是建筑和艺术中最理想的比例。

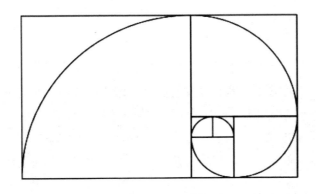

图3-4　黄金比例

（五）韵律关系

韵律关系是形式美的一种形式，属于多样式的一种。韵律本来是音乐中的常用术语，但现在也被诗歌、绘画、设计等学科广泛采用。韵律实际上表现为一种秩序与节奏，这种秩序与节奏在自然界中随处可见，如层层梯田、起伏的山峦、层层波涛等。自然界中的这些现象，向人们展示了一种美。韵律所表现的是相同或相近似形态之间的一种恒定的、有规律性的变化关系。这种关系表现为连续的韵律关系、渐变的韵律关系、起伏变化的韵律关系。人类正是受到各种自然现象的启发，才将韵律变化关系运用到建筑设计和景观设计中，如地面的铺设、阶梯的排列、线角的组合、形态之间的组合与变化等。韵律关系在设计中的运用，既求得了整体的统一，又创造了丰富的变化（见图3-5）。

图 3-5　连续喷泉的韵律（埃斯特庄园）

四、景观生态学

景观生态学是生态学的一个重要层次，该学科主要研究不同景观单元的类型、空间分布格局，以及它们之间的相互作用和对生态过程的影响，空间结构、生态活动和规模之间的相互关联是其关注的核心内容。在更大尺度区域中，景观是互不重复且对比性强烈的基本结构单元。景观生态学中最重要的景观结构就是由"斑块—廊道—基质"形成的空间单元（见图 3-6）。

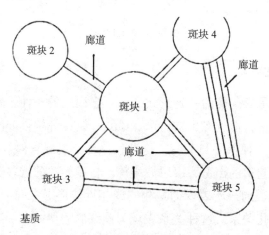

图 3-6　景观生态学中的空间单元

斑块、廊道和基质的关系与城市公共空间和建筑空间的关系具有相同的特征。城市公共空间与建筑空间存在明显的区别，更重要的是城市公共空间承担着城市中各种物质和人流动的重要功能，完善的城市"斑块—廊道"体系对于使用者在公共空间中活动的连续性具有重要意义。

利用城市公共空间建立生态绿色网络，以缓解大规模城市人工设施建设带来的种种诟病是未来城市发展的一个重要议题，如备受关注的城市绿色基础设施建设、低影响开发等，都可为景观设计注入新的能量。

城市绿色基础设施是指城市有机系统中覆盖绿色的区域，是一个真正的生物系统"流"，它将城市中的绿色空间视为城市发展必备的基础设施，并且它应当是一个体系化的整体网络。这些绿色网络包括城市滨水区、河道岸带、动植物保护地等自然绿地，还有城市公共空间中的绿色街道、广场、公园等不同尺度的绿色空间（见图3-7）。

图 3-7　城市公园承担着重要的生态作用

低影响开发是指通过使用渗透、调蓄、净化等技术，模拟场地开发前的水文特征，是削减径流量的一种雨水管理方法。

第二节　城市公共空间景观设计原则

一、整体性原则

城市公共空间具备整体性等特征，设计者在对其进行设计时需要综合考虑功能、含义、行为和心理等方面的因素。

城市公共空间既作为空间以其特有的文化、社会和经济背景满足人们多样化生活与全面发展的需要，又作为工具为人们提供各种活动所需的物质条件与便利，使整个城市具有与之相符的工作效率与信息承载力，推动自身与相关技术的发展进步。

公共空间作为跟随城市发展变化的充实物与连接物，它的规划与设计必然要以一种整体设计的思想作为指导原则。城市公共空间的整体研究是现代城市发展的必然要求，它关系到以现有的人力、财力、物力及环境、景观资源，卓有成效地解决城市建设问题。

（一）与城市的合作

在设计城市公共空间时，设计者应该优先将其视为城市整体空间的有机成分，而不能将其视作单独存在的独立单元。在设计时，设计者应充分从城市或区域的角度考虑公共空间的设计，梳理整合城市整体环境的架构，考察其在时空等方面的过渡和衔接，使城市—建筑—公共景观—公共设施得以协调一致。

新加坡大华银行底层空间设计，就有效地组织与连接了建筑与城市间的交通，同时创造出品质优良的城市公共空间景观环境（见图3-8）。

图 3-8　新加坡大华银行底层空间设计

（二）系统结构的整体性

城市公共空间内的各个方面相互之间保持着动态平衡，具体涉及功能、空间布局、建筑结构、活动和生态环境等方面。

不同元素之间的相互作用导致不同结构顺序的展现，进而展示出它们各自的特征。一个成功的城市公共空间设计应该将建筑、自然、景观、规划、交通、文化及活动等要素融为一体，以创造一个整体和谐的环境。

香港中银大厦侧庭就充分体现出设计者对于高层建筑物外部公共空间设计整体性的考虑（见图3-9）。

图3-9　香港中银大厦侧庭水景

（三）整体性设计与决策

城市公共空间是一个复杂且多层次的研究对象，这决定了对其进行综合性研究与设计需要进行多学科的交融与整合，来把握系统的多元化、综合性，以及系统与社会市场关系的复杂性。

这种多学科、深层次团结协作的整体观念不仅反映在设计人员之间，同时建立整体的城市公共空间景观设计意识也是一种观念上的更新，是把握城市建设的方向和环境创造的着眼点，所以决策领导者具备整体空间意识也是改善城市公共空间的重要保证。

二、人性化原则

城市公共空间是供市民自由参观和使用的场所。城市公共空间景观设计的目标是通过综合运用社会、经济、艺术、科技和政治等各领域的方法，创造宜居、美丽的居住环境，以满足城市内居民在城市中生活和发展的需求。

由此可见，城市公共空间不仅与建筑、与城市存在着密切的联系，同时也是连接人与城市的纽带，因此城市公共空间景观设计从总体指导思想到细部处理手法均应遵循人性化的设计指导原则。

（一）生理层面

生理层面既涉及自然气候条件对于环境功能的影响，也涉及遮阴、日照、温度、湿度、通风、空气质量，还涵盖声音、光照、气味、触感等感官因素对人的影响。

不同人对气候因素的要求相对恒定，但对于知觉因素的要求则差别很大。因此，在城市公共空间景观设计中，首先应满足人们生理条件上对气候因素的需求，其次再根据不同的使用群体尽可能地满足他们对于空间不同功能的多种需求。

（二）心理层面

心理层面主要涉及人们对城市公共空间的满意程度。就城市日常生活空间而言，人们最看重的是其是否方便、是否安全、是否舒适，这些要求甚至比该类空间的外观设计、功能等要求更重要。

城市公共空间的便利程度是人们选择是否在此停留、活动的首要条件，主要取决于区位、配套设施、交通工具出行便利度等因素。

在安全性方面，需要考虑城市公共空间的容量、设施、照明等方面。舒适性主要涉及自然环境的物理条件与人工环境的适应性方面。人工环境使用方面的舒适性主要与环境自身的功能性与设置方式有关。

例如，"线"性空间与"点"状空间所表现出的不同心理特征，"线"性公共空间适宜于交通（见图3-10），"点"状公共空间则适宜于停留（见图3-11），大型的硬底铺装适合广场集会，而对于休憩小坐则不太适宜。

图3-10 "线"性公共空间

图 3-11　"点"状公共空间

（三）行为层面

城市公共空间需要同时满足城市的需求和建筑的功能需求，因此其必须具有开放性特征，以方便公众开展各种活动和人流流通，并强化建筑的使用功能。

人们的活动有一定的领域性，人们对于领域具有归属感、安全感和支配性，公共交往的领域具有社会性，城市公共空间就是要通过空间的开放，满足公众的行为要求，创造社会性的领域，强化城市空间意象。

新加坡河畔经过多年的再生计划，发展为集商业、旅游、休闲于一体的著名城市开放性旅游景点。

其中的克拉码头和驳船码头因地制宜，将原有的旧货仓和商栈等特色建筑改造更新为餐馆、酒吧、舞厅等娱乐场所，同时在河两岸增设完善畅通的步行道交通系统，并建造一系列的河滨公园与休闲设施，开展垂钓、划独木舟、赛龙舟等体育休闲活动（见图 3-12～图 3-15）。

图 3-12　新加坡河边散步道

图 3-13　新加坡河的游玩活动

图 3-14　新加坡河的露天餐厅

图 3-15　新加坡克拉码头

三、多样化原则

　　城市的形成是因为人们聚集在一起并开展各种活动，而当今全球化和信息流动的发展更是在很大程度上推动了城市中多样性共存和交融的发展趋势。城市公共空间应该充分展现多元化的功能、历史和社会文化特征，成为城市最具活力和生机的组成部分。

（一）功能

"规划迄今为止最主要的问题，是如何使城市足够的多样化。"[①]

简·雅各布斯（Jane Jacobs）认为城市设计的含义就是多种功能、多样化活动的参与使城市空间具有活力。事实上，生活的多样性使人的活动与公共空间之间已不存在一一对应的模式，空间作为复杂多样的弹性系统，具有包容多种活动的可能，空间的功能已不是绝对的，而是带有一定的模糊性，可满足人的多样需求，具备"潜在功能"，属于一种"多价空间"。

兼具人群汇聚、商业、文化、交通等多种功能用途而不是单一用途的城市公共空间将更富有吸引力，多种功能的混合不仅可以导致多种活动的产生及多种社会阶层的混合，而且也为创造丰富、多样化的社会生活提供了条件，同时还可以为不同个体、社群的生活提供自由选择空间的可能性（见图3-16）。

图 3-16　美国的中国城能够满足人们的多种行为活动

（二）历史

城市公共空间不仅具有空间功能，随着时间的推移，该类空间也逐渐展现出历史层面的多样化特征。城市的环境和建筑，是"历史性"与"共时性"的内在统一。不同历史时期的事件在此浓缩、积淀、延续和发展，城市公共空间需要充分体现出沉积的过去与多样的现在，并为潜藏的未来提供可能的空间。

[①]　中国建筑工业出版社《建筑师》编辑部:《建筑师14》，中国建筑工业出版社1983年版，第50页。

其中的多元文化建筑、景观遗存作为空间载体，反映了城市形态的历时性发展演变与城市历史层级化沉淀的生命过程。因此，在城市公共空间的景观设计中，应在理解与把握历史、地域文化特征的前提下，尊重场所文脉的延续。

位于香港上环德辅道中323号的西港城前身是建于1906年的旧上环街市北座大楼，采用英国爱德华式建筑风格，以红砖砌成，底层入口有大型圆拱，已经被香港政府列入法定古迹。

经过改造后的西港城内部商铺包括古玩店、特色手工艺品店、布匹专卖店，都是原来附近一带的老字号。

其入口与相邻街道的地面铺装图案设计采用了保留下来的具有特色的原建筑主立面，充分表现了现实环境对历史的回应（见图3-17、图3-18），为了保持城市的历史及社会延续性，有价值的历史建筑、场所甚至界面材质、雕像、线角等构成要素都可以予以保留，或者与新结构融为一体，在空间中重新肯定其价值或赋予其新意义。

图3-17　香港西港城

图3-18　西港城外的地面铺装

当然，"时间"的概念并非静态的，而是代表了解与反映变迁的过程，设计师必须有机结合新、旧元素，随时与变迁、创新相配合，充分反映动态变迁的社会中人们的使用行为，创造具有多样化历史意义的城市公共空间（见图3-19、图3-20）。

图 3-19　新旧结合的北京

图 3-20　新旧交融的托马斯 7 号街

（三）社群

城市公共空间充分展现了城市社会的多样性和群体复杂性。不同的社会群体可能具有不同的教育程度、职业、年龄、性别、民族文化等背景情况，同时也必然具有不同的习惯与行为活动方式。例如，青年人对娱乐交往活动感兴趣，而老年人则爱好三三两两地弈棋玩牌、交谈回忆。城市公共空间应该是城市所有社群共享交流的场所，因此不仅要以开放性承认与尊重多元社区文化并存的价值体系，而且要以兼容性处理和应对多元文化和谐共生的发展需求，在设计中特别要考虑城市中那些弱势群体（如老人、儿童、残疾人等），或边缘群体（如外来务工人员、下岗人员等）的需求。

四、生态性原则

所谓生态性原则，就是把握城市生态系统的基本规律，使城市公共空间能形成良性的生态循环，具有可持续发展性。现代城市人口爆炸、生态环境日益恶化、人与自然关系严重失调等问题使人们不断反省，并深切认识到人与自然协调发展的重要性而开始注意对生态环境的保护。

城市作为人类社会发展历史中创造出的一种聚居方式，自出现之时，城市、人、自然环境之间就保持着错综复杂的关系，并彼此相互作用构成动态的城市人工生态系统。其中，自然生态系统和文化生态系统是与城市公共空间景观设计关系最为密切的两个子系统。

（一）自然生态系统

所谓自然生态系统是指由城市、人、自然三者相互作用而构成的生态系统。由人所创造的城市公共环境是城市人群赖以生存的环境和活动舞台，其建设过程是建立在对自然条件、自然资源开发利用的基础之上。因此，城市公共空间景观设计需要尊重自然，合理开发利用自然资源，最大限度地保护原有的自然生态环境。其主要包括以下 3 个方面。

（1）设计前对基地的地貌地形、土地植被等状况进行充分的自然生态资源调查，力求因地制宜，从自然地形地貌中获取设计构思灵感，创造符合生态环境保护要求的空间景观。

（2）设计中充分利用可以借用的自然景观资源与环境要素，包括与公共空间有视线联系的山体、水体等自然景观，采用借景手法纳入城市公共空间的氛围营造中。

（3）城市公共空间作为开放空间，可以适当缓解城市环境中因人口密集、工业、汽车废气污染等影响因素而导致空气质量较差的状况。提供绿色交往空间和富有情调的亲水开放空间等都可以作为调节大气循环、净化空气的重要手段（见图 3-21、图 3-22）。

图 3-21 都市中的口袋公园

图 3-22 高层底部的亲水空间

（二）文化生态系统

所谓文化生态系统是指由城市、人、文化三者相互作用而构成的一种有机动态结构。城市是文化的展示舞台，城市居民是文化发展的主要参与者，在塑造城市文化形象的同时，他们也会受到传统城市文化的影响和引导。城市公共空间是城市的重要组成要素，它不仅是居民相互交流的场所，也是人们日常经历和社会文化观念的重要来源。

通过历时性的社会集体实践活动，城市公共空间得到认同，它对于增强场所性及塑造城市的精神与文化特征起到重要的作用。由于不同地域文化与观念的差异导致不同城市的公共空间呈现出各不相同的特色。因此，在城市公共空间景观设计中，有效把握空间场所的"文化性"就成为关键因素，以此作为基础，设计中可以通过创造一些富于城市精神文化内涵、具有鲜明地域景观特色的生活空间，来满足社会和个人物质和精神的需求，并且提升城市的人文精神与品质，形成良性的城市文化生态循环系统。

　　江阴中山公园是在原江苏学政衙署后花园基础上改建而成的，共分为学政历史文化区、生态休憩区、游乐活动区三部分。整个公园的空间景观设计采用现代材料技术，重视学政衙署后花园的传统格局，并通过恢复、重建、移建一系列纪念建筑、遗址，来充分体现出场所的历史文脉（见图3-23～图3-25）。

图3-23　江阴中山公园的心经碑殿

图3-24　江阴中山公园的孙中山先生纪念塔

图 3-25　江阴中山公园内的忠邦亭

第三节　城市公共空间景观设计流程

城市公共空间景观呈现一种开放性、多元化的发展趋势，每个城市、每个环境区域都有各自的特色，如何充分展现它们的个性化和特殊性，是每个设计师都会遇到的问题。

城市公共空间景观设计应从当地的区域特点出发，以新的发展理念塑造城市未来的环境，以新的城市文化和景观改变人们的生活，以景观设计方案和表现图的形式来表达设计者的构思，达成管理者、使用者和设计师之间的共识，使设计能够得到及时的补充和修改，让设计更加完善。

城市公共空间景观设计是一门综合性很强的设计学科，景观设计师需要具备独立思考的能力，能够根据实际，提出具有创意、逻辑清楚、结构明晰的设计思路，制订项目计划，控制实际进程。

城市公共空间景观设计师要做的是创造条件使灵感成为现实，发掘开展新的途径。运用一个相对严谨、科学的方法与程序，可以支持设计师全面地考虑涵盖设计专业的基本问题，不遗漏和设计相关的重要因素，确保设计作品的科学性、合理性。

一、景观设计的工作流程

公共空间景观设计的工作流程具有一定的特殊性，常用的工作流程如下。

（1）接受设计委托，与委托方商议公共空间景观意向。

（2）进行景观勘察，评价景观结果。

（3）根据设计目标系统及评价结果进行公共空间景观规划设计。

（4）与委托方及相关规划管理部门共同进行规划评价。

（5）根据规划评价意见进行初步设计，与各相关专业取得协调。

（6）根据初步设计的结果组织施工图设计。

（7）与施工方进行图纸会审及图纸交底。

（8）去施工现场进行必要的技术指导。

（9）根据制订的景观养护计划，定期监督景观的养护与维护过程。

（10）在养护过程中，根据现场情况，对原有景观设计进行必要的调整和修改。

二、景观设计阶段与工作重点

公共空间景观设计阶段分为前期考察调研阶段、中期方案设计阶段和后期实施评估阶段。

（一）前期考察调研阶段

前期考察调研阶段是一个对项目的认知和了解过程，为设计分析与构思打下基础。它的工作内容包括文字资料收集、图纸资料收集、现场勘察、资料整理等。

1. 文字资料收集

文字资料收集包括外部条件资料收集和内部条件资料收集两个方面。

一是外部条件资料收集，主要是指规划基地周围与城市的关系。它包括城市的历史沿革，城市的总体发展模式；基地所处的地理位置、面积及在城市中的地位；基地服务范围内的人口组成、分布、密度、成长、发展及老龄化程度；基地所处区位的自然环境，包括气候、地形、土壤、地质、水体、生物、景观等；基地周边的土地使用与交通状况；基地所在区位的政治与经济活动状况；地区特征、与周围环境的关系、历史文物、文化背景；当地植被状况，了解和掌握地区内原有的植物种类、生态、群落组成等；该地段的能源情况，排污、排水设施条件，周围是否有污染源。以上内容视项目大小可选择性进行资料收集。

二是内部条件资料收集，即基地内部现状条件。它包括委托方对设计项目的理解，要求的公共空间景观设计标准及投资额度；从总体角度理解项目，弄清景观环境与城市绿地总体规划的关系；与周围市政的交通联系，车流、人流集散方向，这对确定公共空间景观的出入口有决定性的作用；基地内有无名胜古迹，自然资源及人文资源状况等；相关的周围城市景观，包括建筑形式、体量、色彩等；数据性技术资料，包括规划用地的水文、地质、地形、气象等方面的资料。

2. 图纸资料收集

图纸资料收集包括基地地形图、现状植被分布图、地下管线图三个方面。

一是基地地形图。根据面积大小不同，甲方提供不同比例的园址范围内总平面地形图。图纸明确标出以下内容：设计范围（红线范围、坐标数字），园址范围内的地形、标高及线状物体的位置，周边环境，与市政交通联系的主要道路名称、宽度、标高点数字及走向和道路、排水方向，周围机关、单位、居住区的名称、范围及发展状况。

二是现状植被分布图。其主要标明现有植被的基本状况，保留树木的位置，并注明品种、生长状况、观赏价值的描述等。

三是地下管线图。图内包括上下水、环卫施工、电气等管道的位置、大小。

3. 现场勘察

无论项目大小难易，都必须到现场进行认真勘察，熟悉周边环境，并通过摄影记录建筑、植被和水域等周边信息，以确保基础数据的准确性和完整性。此外，要帮助设计者获得情感上的认知，支持其进行基地设计和构思布局。

4. 资料整理

在前期资料收集的基础上进行整理，针对项目的具体情况，对基地进行综合分析和评价。内容包括基地的优势、劣势、机遇与挑战，并编制总体设计任务书。

（二）中期方案设计阶段

在中期方案设计阶段，设计者需要集中精力确立设计的主题，规划建设内容，同时进行方案设计。

1. 设计定位

明确景观在城市公共空间中扮演的角色和承担的功能，如广场有集会广场、商业广场、休闲娱乐广场之分。不同的广场定位，其服务对象的需要和设计方案的制订是有明显差异的。

2. 案例研究

景观设计师根据规划设计的城市公共空间景观项目定位，对国内外类似的优秀案例资料进行收集，分析研究。总结出成功的经验与失败的教训，参考在类似问题解决上采取的策略和办法。景观设计师对案例的研究分析，可以借用其他案例真实直观的形象，向委托方表达自己的设计理念；相似规模和尺度的分析比较过程可以使景观设计师和委托方直接感知场地的大小和意义，有助于景观设计师直观地获得对空间需求和布局的大体印象。

案例研究并不是拷贝或抄袭别人的设计作品，而是在借鉴别人设计理念的基础上，融入自己的想法，不断完善自己的设计构思。

3. 设计概念

设计师通过挖掘基地的自然生态、历史文化等信息提炼出设计主题，并围绕设计主题进行方案构思和布局，最终提出设计概念。

设计概念是景观设计师创造性思维的展现，是在前期各种因素综合评价的基础上得出的合理的结论。一个科学合理、构思新颖的设计概念不仅会渗透到设计对象本身，而且会对周边的环境产生积极的影响。它涉及社会、政治、经济、文化、科学技术、环境保护等方面。在适合项目目标背景环境的概念确立后，景观设计师需要与建筑师、工程师、园林设计师等多种专业人员合作，针对项目中遇到的问题，对各个层面尺度进行探讨研究，各专业人员之间相互启发，以确定最小的细节也能支持全局的理念。

4. 文本的策划与说明

文本的策划与说明是表述概念的重要方法之一。通过文本或 PPT 文件的展示，景观设计师可以直观地向委托方阐述设计理念主题、创意构想、未来的城市景观，以此作为设计的动机和宗旨。

景观设计师在方案汇报时，应抓住主题思想，突出重点，准确、清晰地将设计理念表达出来。作为景观设计师，绝不能忽视策划方案阶段的汇报，因为它是能力表现的一部分，设计师不同的表现，会给委托方留下不同的印象。

策划方案是在公共空间景观设计的目标深化、细化的基础上完成的。城市公共空间景观设计的基本目标可以概括为：适用性目标、宜居性目标、社会性目标、环境性目标、形象性目标等。策划方案的确立和组织围绕以下 5 点展开。

（1）为谁设计。了解公共空间景观受众的景观需求是设计的首要问题。满足人们的需要，为人们提供所需要的公共空间，满足全社会各阶层人们的娱乐需求。

（2）为什么设计。对设计自身意义的追寻，在设计的文案阶段一一罗列需要解决的问题，并给出答案。

（3）设计的场所。场所是公共空间景观设计中十分重要的内容。场所的环境包括物理环境和人文环境，寻找不同的场所设计环境是设计勘察的意义所在。

（4）设计什么。根据调查得出设计结论。景观选择要考虑自然美和环境效益，尽可能反映自然特性，使各种活动和服务设施项目融合在自然环境中，有些情况下自然景观需要加以恢复或进一步强调。

（5）什么时候设计。包括设计完成的时间，以及当下设计的时尚趋势和审美取向。

设计构思从抽象的立意思维到具体的构思成果的表达，要求设计师具有丰富的空间想象力，养成多看、多想、多动手、多方案构思的习惯，不断优化设计方案，达到最佳设计效果。

5.深化设计

在方案概念设计的基础上，经委托方认定后，对方案进行深化设计，将方案的概念落实到具体元素的设计与运用上。深化设计还包括技术细节的制订，好的设计无论是在全局的把握上还是在细节上，都能成功地传达概念构思。景观设计师对每个项目的设计首先应从宏观处入手，将整个设计主题分解成若干分主题。

在深化设计过程中，每一个新引入的设计都应该使整个项目设计更科学合理，更能满足功能要求。景观设计师和艺术家的区别不仅在于表现形式美、艺术风格等因素，还需要关注各种功能和技术问题，各方面相互关联的综合设计直接关系到设计的成果。所以，不同学科的整合设计及技术细节的制订也是深化设计的重要组成部分。

6. 细部设计与设计实施

当项目设计方案最终被确定后，要使项目从一个设计概念到设计成果得以真正实现，由纸上变为现实，必须对每个元素进行具体深入的细部设计，绘制精确的施工图纸。

细部设计的好坏直接关系到作品的最终效果如何，施工图是设计的重要组成部分，是景观设计师和施工人员联系的桥梁。景观设计师通过施工图这种设计语言诠释自己的设计理念，施工人员按照施工图的设计说明与要求将景观设计师的设计理念转化为现实，成功的作品都是通过执行各种规范和标准来实现的。优秀的设计作品除了具有独特的设计创意，施工技术与质量是实现其价值的重要保证。

（三）后期实施评估阶段

将设计成果直接运用到项目实施中，通过工程技术施工将图纸画面建设成实际景观。

评估是在设计项目施工完成并投入使用一段时间后，对设计方案进行理性的、科学的评定与总结，以检验这个设计项目在哪些方面对城市公共空间产生了负面影响，在功能上有哪些方面设计得不够完善，尽可能采取补救措施。通过这个过程，景观设计师可以在实际工程中不断地积累经验，提高自己的设计水平。

三、工作方法与辅助设计技术

（一）工作方法

为了适应任务的要求和项目的特点，工作方法一般有以下 5 种。

（1）图底分析法。主要用于对场地（或地区）的分析。目的是明确地认识场地现有的建筑实体覆盖与开敞空间在量和分布上的关系与特征。这是认识公共空间肌理的重要手段。

（2）观察分析法。景观设计师亲自勘察场地，取得第一手资料。资料内容以人文、社会为主，特别要注意对公共空间环境的体验与感受，既要使用文字，也要利用地图。通过调查，形成纲要性的基础资料。

（3）景观视觉分析法。景观设计师对场地周围的自然环境和人造环境进行分析，主要从视觉角度分析，包括视点、主要视线、视线走廊、可能的视线阻挡等。分析中注意既要有静态的，也要有动态的，甚至包括在不同速度下所观察到的不同图景。

（4）计算机模拟法。计算机模拟技术可以进行许多辅助设计的工作，包括分析、制图和三维动画等。

（5）设计语言的转换。将文案中的文字语言转换为设计视觉语言，可以归结于"感觉"，还可以用发散性思维将一些感觉上的词汇转换为形象的联想物和事件。

（二）常用的辅助设计技术

常用的辅助设计技术主要包括以下三种。

一是地理信息系统（GIS）技术。近年来，随着信息技术的发展，GIS技术被广泛地运用在城市规划和城市公共空间景观设计中。GIS技术最初是人们为了解决地理学方面的难题而设计的。目前，它已经演变为一个涉及生态学、测量学、信息技术等多学科的交叉领域。GIS是一种技术系统，主要通过计算机软件和硬件来处理、管理、展示和分析真实世界的空间数据和属性特征。

二是虚拟现实技术（VR）。VR提供了对现实环境或设计的景观在计算机中进行再现的能力。VR可以用于修建性详细规划、风景园林设计和古建保护等专项规划设计，具有丰富的表现能力，能提供真三维环境景观。

三是遥感技术。遥感技术的发展使人类对自身的生存环境有了进一步的认识，它的优势表现在可以提供全球或大区域精确定位的高频度宏观影像，拓宽了人类的视野，实现了时空的跨越与转移，利用这种技术，人类可以更科学、更准确地对环境进行分析研究。

四、城市景观设计的评价标准

现代社会的发展变化很快，城市公共空间景观设计还不能建立一套很完整的标准，但是评价的重要性却是显而易见的，而且贯穿于整个设计过程中，同时也起到了指导作用。以城市公共空间设计的评价内容作为参考依据，在进行城市公共空间设计时，设计者需要考虑的重要方面包括适当规划容量、舒适宜人的氛围、多样性与综合性、方便和易达性、自然环境的融入、历史传承、清晰的结构、和谐一致的景观、独特的设计，以及未来发展潜力。

20世纪60年代以后，欧美一些发达国家十分重视对城市公共空间景观设计的评价。对于优秀的城市公共空间景观设计，英、美两国提出 de 评价标准可以归纳为以下方面。

重场所而不是重建筑物：城市公共空间景观设计的结果应该是提供一个好的场所为人们服务。

多样性：多种内容的活动能使人产生多种感受，可以吸引不同的人在不同的时间以不同的原因来到这里。这是创造赏心悦目的城市公共空间环境的一个重要因素。

连贯性：在旧城市公共空间改造中应该仔细对待历史的和现有的物质形体结构。人们愿意接受有机的和渐进式的变化，喜欢历史的融合。

人的尺度：以人为基本出发点，重视创造舒适的步行环境，重视地面层和人的视界高度范围内的精心设计。

通达性：社会上不分年龄、能力、背景和收入的人，都能自由到达城市的公共空间场所。

通道和方向：包括出入口、路径、结构的清晰、安全，目标的方位和标识指示等。

易识别性：重视城市公共空间的标志和信号，将其作为联系人和空间的重要媒介。

可识别性的表达：是由使用者评价的，强调视觉上的识别度。

适应性：是指成功的城市公共空间景观设计应具有相当的可能性去适应条件的改变，以及不同的使用及机遇。

与环境相适应：包括历史文化要素的协调。

功能的支持：包括空间的领域限定、相应功能的明确性，以及与提供的设施相关的空间位置。

自然要素：通过地貌、植被、阳光、水和天空景色所赋予的感受，研究、保护、结合并创造富有意义的自然景象。

视景：研究原有的视景并提供新的视景。

视觉舒适：保护视域免受不良因素，如眩光、烟尘、混乱的招牌或光线等事物的干扰。

维护和管理：便于使用团体维护、管理的措施。

第四章　城市公共空间景观构建与设计表现

　　城市公共空间景观应服务于市民生活，在构建景观、以设计手法表现景观时既要便于日常生活，又要兼顾文化性、美观性，营造一个生活舒适、优美和谐、充满意蕴的公共空间。本章将从城市公共空间景观构建、城市公共空间景观基础设计表现、城市公共空间景观材料设计表现、城市公共空间景观色彩设计表现四个方面展开论述。

第一节 城市公共空间景观构建

一、硬性组成构建

硬性组成构建是指公共空间中那些可以被人们直接看到的实体景观，这些景观共同构成了公共空间的外在结构。硬性组成构建在空间中扮演着界定、分隔、整理和引导行为的角色，同时，它能够在不同功能场所之间构建特定的联系。

二、软性组成构建

公共空间构成要素中所涉及的人、社会、文化要素，都涵盖于景观的软性组成构建之中。软性组成构建不同于硬性组成构建的可视性，它依据人的认识和感知而获得，以具象的硬性组成构建为承载，将政治、经济、文化、生活、宗教、人、物之间的各种社会关系，潜在、无形地反映在人的头脑中，以此形成心理上的暗示、启发、感召和警示。软性组成构建彰显的是一种深层的城市内涵，它更多地满足民众的精神需求，同时这又是社会稳定的积极要素。公共空间景观的软性组成构建是以一种内聚的力量来体现城市的文化价值，这也是城市特色和魅力得以形成的要因所在。

随着城市化建设进程中设计者对城市景观软性组成构建的重视，民众的认知也随之从公共空间表层结构的物质属性提升到场所精神的层面，并且在这种精神体验下，形成对公共空间景象的感知与共鸣。

人们对环境的可意象性、可识别性、认同感、归属感都是软性组成构建作用的结果。人们习惯将场所环境带给自身的记忆和感受进行不同程度的意象化，被深刻意象化了的场所环境会在人的记忆中形成很高的可识别性。记忆感受越难忘，被意象化的程度越强，所形成的可识别性越高。而认同感是人对环境产生情感依附的一种表现，是人对充满吸引力的城市景观的一种自我认同。人们通过对空间环境的种种认识，意识到自己与该城市的一种精神上的相依关系。

第二节　城市公共空间景观基础设计表现

一、景观格局的设计

城市公共空间建设深入所在区域的每一个阶段的发展变革中，其建造方式同城市的自然条件和人类活动密切相关。因此，世界上现有的城市景观格局与当地居民对时间、空间的理解方式也有着密切关系。纵观各国城市发展的历史进程，城市空间景观格局由城市道路网的演变发展而来，并依据不同时期呈现出各种形态，归纳起来，主要有格网形、放射形、环形、不规则形和复合形。不同的空间景观格局源于不同的文化传统和习俗，不同的空间形式也给人以不同的视觉感受，并渲染出城市的文化性格。

（一）格网形景观格局

格网形景观格局通常被称为格栅形景观格局，其特点是道路排布以明显的水平和垂直交叉线条的方式加以展现。这种景观特征的优点在于交通组织简单、交通流线分布均衡、路网通行能力较大、便于安排道路两侧建筑与其他空间和设施、利于辨认方位、富于城市可生长性等；其缺点在于对角线间交通绕行距离长、路口较多、车辆行驶速度较低。因此，格网形景观格局更适用于地形平坦的中、小城市，大城市的中心区、旧城区等也以该道路格局为主要景观特征。在历史上，由于大多数传统城市是由里坊制演化而来的，因而城市道路形态往往是规划粗放的大街轮廓网格和自由生长的小街巷的双重叠加，并且由于早期严格的等级制度等方面的原因，对道路的宽度、布局、使用及两侧景观都有明确的规定（见图4-1）。

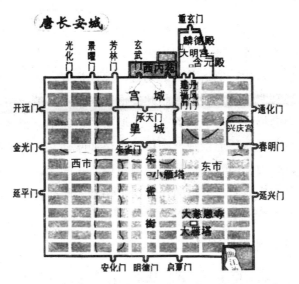

图 4-1 格网形景观格局（唐长安城）

（二）放射形景观格局

早期城市道路多依托公路形成，交通全部集中到城市中心，欠缺横向联系，这种传统模板式路网，伴随着过境公路或对外公路的发展需求，形成放射状路网。该景观格局一般适合大、中型城市及特大城市，小型城市由于地块不规则、缺少环形交通等实际情况的存在而较少采用这种设计（见图 4-2）。

图 4-2 放射形格局（新疆特克斯县）

（三）环形景观格局

我们可以将环形景观格局称作圆形景观格局，其主要特点是道路系统环绕中心区域逐渐扩展，呈现出向中心逐渐聚集的态势。这是一种与放射形道路景观格局类似，并较为完善的路网形式。正是由于环形道路景观格局也具有明显的核心，因而此类道路景观常常被应用于需要明确突出城市核心的场合。在早期关于理想城市的设想中，很多提案的道路设计就呈现出明显的环形景观形态格局。诸如欧洲文艺复兴时期，对理想城市的探讨成为一种时尚；与理想城市形态相配合，道路系统多呈现出环形与放射形相叠加，道路形式呈现出强烈的向心特征，勾勒出明显的中心性和秩序感。

（四）不规则形景观格局

在自上而下的城市生长模式发展下，城市道路较多地显现出不规则的形态特征，并很好地结合了城市的地形特征，呈现出一种随机、自然的特征。不规则道路形态大多因地制宜，根据地形特点或依地势高低而建，其特点是顺应地形、节约投资、非直线系数大，通常是以不规则形的街道分布于建筑街区之中（见图4-3）。

图4-3 不规则形景观格局

（五）复合形景观格局

复合形景观道路形态采用方格网、环形或斜向对角线状道路相叠加的方式，连接城市中最重要的场所，以形成具有鲜明对景的景观大道。

这种道路形态可很好地诠释道路景观的精神价值和诉求（见图 4-4）。

图 4-4　复合形景观格局

二、景观属性分类

公共空间的景观属性包含物质属性和社会属性。简而言之，物质属性包含两方面意义，即空间性和景观性。空间性体现在空间所容纳各种各样的人流、物流、信息流及水、电、暖等各项基础设施。景观性是指公共空间作为构成城市环境系统的载体，具有自身独特的形态。而社会属性则体现在空间的建造目的，以及社会和经济职能间的相互转变方面。

从景观层面来看，不同景观环境下的公共空间所呈现出的内容、面貌、功能不尽相同。例如，在象征国家权力的公共场所设置娱乐性空间，显然违背了场所价值意义与空间的功能规定。一方面，公共空间的景观属性决定了它所在的环境、表现方式和性质意义，以至最终能否将它的功能价值传达给民众；另一方面，在景观诉求上，又有所偏重或具有其独立性，而不必要求思想内涵的面面俱到，承担所有的社会教化职能。

当代公共空间的景观是多样式、多内涵和多层次的。其中包括严肃意义的纪念性空间景观、体现国家意志与权力的空间景观、承载精英意识及文化观念的空间景观、反映地方文脉及社群利益的空间景观，以及源自非城市化地区的民间及乡土意味的空间景观，也有着重显现生态文明的空间景观。

（一）主题性

在规划公共场所的景观时，设计者常常需要顾及国家权威的影响，会特别关注涉及意识形态和文化传统的重要主题。这些重要主题通常是最重要的、最具有广泛意义的，并包含特定的引导性理念，同时能够传达特定的精神观念。以传统的主题性公共公园为例，这类公园通常会以历史上显赫的人物或重大事件为灵感，在其设计中融入相关元素，如纪念碑、纪念墙或遗址等，以展现相关历史。这些城市公共空间可以代表政治和历史的象征意义和纪念价值，通常规模较大，建筑形式庄严肃穆，或者充满庄重和神圣感。并且，这些公共空间往往会展示艺术品，同时也在记录政治、历史和文化方面担负着重要责任，具有缅怀、纪念、歌颂、赞扬、保护与传承等方面的功能（见图4-5、图4-6）。

图4-5　建川博物馆：中国壮士群雕广场

图4-6　哥伦比亚战争纪念碑

从地域角度来看，空间景观的主题性更多指向社会和民众，地域文脉、城市理念、人文精神的内涵和外延都在景观主题范围之内。通常设计者习惯用主题空间景观彰显城市文化，这是因为城市主题文化中包含城市特质资源所形成的特质文化，主题性空间景观的设立也可以被看作根据城市主题文化构建城市主题空间形态，并围绕这一主题空间形态来发展城市、建设城市的一种文化策略（见图4-7）。

图4-7　大连星海广场体育雕塑

主题性空间景观对价值精神主旨的传达效果最明显，大型主题雕塑最能凸显主题，通常能够形成地域景观坐标，并和周边环境一起形成强烈的精神场域。例如济南泉城广场、青岛五四广场、广州越秀公园、大连星海广场，这些公共空间场所因直接概括并体现了这座城市的特殊本质，才得以成为一座城市的代表性空间景观（见图4-8、图4-9）。

图4-8　济宁泉城广场"泉标"

图 4-9 青岛五四广场"五月的风"

现今的主题性公共空间正在逐步扬弃传统的外衣,在表现形式上更注重利用环境资源,使空间与周边环境紧密结合,并融入一定的现代文明精神。当然,主题性空间景观仍承载着纪念和传承的功能,但不再是以一种被膜拜的姿态出现,更多是与观赏者之间形成互动的关系,引导民众去关注。例如,在英国卡迪夫市的议会大楼外有一个商船海员战争纪念碑(见图 4-10),该纪念碑是为纪念那些曾在"二战"时期自发支援英国军队,并壮烈牺牲的南威尔士商船的海员们。该纪念碑不能用量词"座"来形容,因为它打破了传统纪念碑高大的表现形式,其尺度仅有一人多高。设计师用极具技术性的"液压铆接"手法,独具创意地将船体的局部和人脸相融合,创造了这件雕塑艺术品的"纪念碑"。在这件作品中,人物的面容深沉悲壮,和船体融为一体,化作一种悲剧性的永恒之美。围绕作品铺砌的地面砖石上刻有铭文:"纪念那些死去的灵魂,那些在'二战'中献出生命的商船船员们。"这种表现组合形式所传达出的情感足以超越时空的界限。每到英国战争纪念日,人们会用花环来装饰这件艺术品一样的纪念碑,以此寄托对死难者的哀思。

图 4-10 商船海员战争纪念碑

（二）文化性

艺术的花朵需要文化雨露的灌溉和文化养分的滋养，文化也同样需要艺术之花来装扮点亮。两者相互依托、彼此反哺的关系说明了公共空间自始至终都要和文化联系在一起，从这个意义上说，应该把公共空间设计看成一种文化实践方式或是文化认知态度。

文化被视为艺术的本质属性。公共空间景观设计离不开对文化性的挖掘。近年来，城市建设的显著特征是从规模向质量转型，城市文化水平和文化氛围成为评价城市的重要依据。在当下文化与艺术相互交融的开放进程中，地域文化、民族文化、大众文化、生态文化、科技文化、艺术文化都是 21 世纪主要的文化现象，也是公共空间设计的宗旨（见图4-11、图4-12）。在设计中，不仅要不断探究空间景观所呈现的文化价值观念，还要不断调整设计思维方式，以文化的审美意识去重建设计理念，让空间景观和所在环境产生内在联系，在弘扬文化精神的同时产生文化影响，让民众体验和感受文化空间的价值。

图 4-11　沈阳锡伯族文化广场

图 4-12　彰显欧洲宗教文化的装饰

　　随着辽宁老工业区振兴战略的紧密实施，老工业区的文化建设和发展成为学者关注和研究的热点。如何为当下迅猛发展中的老工业区注入文化内涵、恢复老工业区历史记忆、建立城市人文与场域精神等文化建设问题则显得尤为重要。例如，沈阳工业重镇铁西区以此为契机开展老工业基地公共空间项目建设，选择以公共艺术项目的开发建设来点亮老工业区的历史文化色彩。其中，景观部分以工业文化长廊、重型文化广场展开建设，形成以"一廊、一场"为代表的铁西区工业文化格局。

　　2011年5月，《晨曲》《暮歌》《工业乐章》等主题鲜明的公共艺术作品亮相铁西建设大路，形成了以公共艺术景观为轴线的工业文化廊道景观。《晨曲》和《暮歌》作为铁西区工业文化长廊上的一组公共艺术，充分展现了昔日老工业区产业工人朝夕上下班时自行车流涌动的生动场面（见图4-13）。与工业文化廊道相连接的是充满了工业文化气息的沈阳铁西重型文化广场。该广场是以高26米、总重量400吨的动态主题雕塑"持钎人"为标志，以沈阳重型机械集团原址改建而成的大型市民广场。广场上的雕塑、公共设施大部分是由原工厂的废旧器械和物品改造而成的，如废弃巨型螺栓改造的护栏、老铁皮桶被重新装置成娱乐设施（见图4-14、图4-15）、三通管摇身变成果皮箱、巨型螺栓改造为护栏等。

图4-13 《晨曲》

　　图4-14　废弃巨型螺栓改造的护栏

图 4-15　老铁皮桶装置成的滑梯

缺少文化滋养的城市，其发展的动力和活力势必也会被削弱。而公共艺术作为公共空间的一个组成部分或是环境规划中的一个表现样式，正是通过与公众互动产生精神与物质成果，并以此形成对区域文化的暗示和影响，从而带动城市文化潮流。

（三）观念性

观念艺术形成于20世纪60年代中期，它颠覆了传统艺术的结构。观念艺术主张艺术品不一定需要以物质形式呈现，艺术家的思想或观念串联组合也可以构成艺术。诸如行为艺术、装置艺术、大地艺术、身体艺术、表演艺术、影像艺术等都是观念艺术的表现形式。

观念性的空间景观重在强调设计者的主观理念和对作品的定义，在思想内涵上具有一定的深度。设计师不断将观念性空间的表现样式、主题内容与公共环境相融合，在赋予空间作品概念和意义的同时，尽可能让受众面不断扩大，在经历人们对作品的认识、了解、认同、喜爱的过程后，最终转化为具有一定受容力的空间景观作品。

美国景观设计师彼得·沃克（Peter Walker）最早将极简主义艺术运用到公共空间设计中，并持有非常鲜明的个人观点。他认为极简主义设计是将环境物化，环境即其本身，而不应该把环境设计看作一门艺术，或是把设计的方式看作一种风格。最初，彼得·沃克带有极强观念性和形式感的设计作品并未得到大众的普遍认可，这种运用散布和合成的元素在环境中进行展示般的表现，引起社会极大的舆论和争议。而后，随着城市环境的建设发展，彼得·沃克作品中的形式美感和艺术个性逐渐得到大众的认可，透过这些有形的空间，象征性的景观、人们开始思考并能领会到更多内涵和精神方面的内容。

在城市化建设发展的今天，涌现出了许多由雕塑家参与设计创作的景观环境作品。而在 20 世纪 30 年代，一位日裔美籍雕塑家最早尝试将雕塑和景观设计相结合，并一生致力于用雕塑的方法塑造公共空间和环境景观，这个人就是 20 世纪著名的雕塑家和设计师野口勇。早年，野口勇从事公共空间和具有实用功能的环境项目设计与创作，诸如舞台布景、家居、城市雕塑，这些设计与创作中积累的经验使他得以形成和扩展新的雕塑观念。

野口勇发现对环境空间的塑造也是雕塑的一种可能途径，于是他试图将雕塑融入大空间环境中，将大地的基底作为一种雕塑介质来设计，从而使基底成为环境自身的组成部分，而不再是背景。他对雕塑提出了一个新的美学观点，即"空间的雕塑"[1]，也就是空间中有雕塑，雕塑中有空间，环境与雕塑合二为一，不分彼此。从某种意义上讲，野口勇的环境景观设计理念中带有鲜明、强烈的观念性。但野口勇的这种设计思想并没有得到当时美国社会的认可，出于诸多社会因素的左右，他设计的关于游戏场的许多方案都没有得到实现。但是野口勇对设计游戏场一直保持着兴趣，后来又做了一些与游戏场有关的方案。

到了 20 世纪 40 年代，野口勇的作品日渐引起了纽约业界人士的特别关注。此后，他仍运用其一贯的手法，以简洁的设计元素表达空间特性和象征意义，设计了许多雕塑和空间相融合的景观环境作品，且这些作品都被采用，如"纽约河滨公园游戏场""查斯·曼哈顿银行广场下沉式庭园""大阪第 79 届世界博览会喷泉""加州情景剧场"等。

其中，野口勇与路易斯·卡恩（Louis Kahn）合作设计的纽约河滨公园游戏场方案，运用模铸混凝土和绳索、木头等自然材料，将游乐场的基底塑造成金字塔、圆锥、斜坡等形态迥异的雕塑，通过几何元素和非几何元素的结合，构建出滑梯、攀登架、游戏室等具有游乐设施功能的构筑体（见图 4-16）。换言之，野口勇摒弃传统的游乐场形式，将基地本

① 李正平:《野口勇》，东南大学出版社 2004 年版，第 9 页。

身建造成供人游玩、别有洞天的设施体，使整个游乐场和基地浑然一体，营造出一个如雕塑般的、自由的、快乐的游乐环境。

图 4-16　纽约河滨公园游戏场模型

　　不使用游戏设施仍可以通过雕塑景观环境让游戏场充满趣味和挑战——野口勇正是本着这样的想法来看待游乐场环境的设计方案。野口勇自始至终都对游戏场设计有着浓厚的兴趣，在其他游乐场设计方案中，也设计了一些与空间环境相契合的游戏器械。他的设计思想对当今的儿童游戏场设计产生了很大的影响。

　　20 世纪 70 年代，美国日益重视城市游乐场使用安全问题，很多含有探险性质且存有安全隐患的游乐场开始被改造翻新。一部分舆论表示野口勇在公共环境中使用大量混凝土，从美学角度看，过于粗糙和坚硬，难以达到公园的环境标准，应推翻重建。而另一部分舆论认为野口勇的设计为创造性、冒险性玩耍提供了一片乐土，应本着保留和保护的态度，在此基础上进行适当的改造。而在实际的改造实施中，野口勇作品中的很多理念和精神都被保留和延续了下来。

　　另外，于 1982 年建成的加州情景剧场庭园（见图 4-17），是野口勇晚年的重要作品之一。对于这个庭园，野口勇在设计中给人们留下了很多遐想的空间。在七个景观雕塑串联起的整个空间环境中，每一个雕塑都代表着加州丰富的地形和地貌。

图 4-17 加州情景剧场庭园

　　基底由大块不规则的浅棕色片石铺砌而成，象征加州布满岩石的荒漠；蜿蜒曲折、时断时连的线状水系象征加州的溪流。在水系的起点处设有一个三角形墙体，水流不断从中流出，而在水系的终点是一个三角形的几何体（见图 4-18），象征加州中部和东部的山脉。在方正的庭园的四角，野口勇利用雕塑和绿植的布景设立来控制空间的围合感。由卵石形花岗岩所垒成的名为"利玛窦之精神"的雕塑是整个庭园的主节点，和雕塑相呼应的是另一个名为"能量源泉"的圆锥形喷泉，两者共同象征委托方公司的创业精神。顶端覆盖有花岗岩的土坡，象征被城市发展吞噬的农田。一处由沙子、砾石堆成的沙堆上种植着仙人掌等旱地植物，以此象征加州的沙漠。而与之对应的另一处种满绿色植物的土坡则象征茂密的峡谷森林。一种日本禅宗庭园的境界被凝缩在西方的庭院里，这种文化的互换和交融让野口勇设计的庭园更耐人寻味。

图 4-18 水系终点的三角形几何体

　　也曾有业界人士指出，在该庭园中不易被充分使用的空间尺度过大，并缺少围合度和可供游人休憩纳凉的场所。然而，野口勇并非忽视了环境功能上的需求，不过是更倾向创造一种令人冥想和沉思的空间场域。他认为，所有环境元素都应该在精心考虑下被引入空间中，这样它们才会具有空间上的尺度和意义，即"用雕塑塑造空间"这一理念的根本。而在这种情形下创造出的景观空间才会触动人心，才会让人们发挥想象力去感受它们的存在。这种设计理念影响了之后的"极简主义"和"大地艺术"两大西方现代景观设计流派，引领了之后城市环境艺术的前行，使彼得·沃克、乔治·哈格里夫斯（George Hargreaves）等设计师投身环境艺术领域。

（四）公共设施功能性

当下，与公共设施相结合的空间景观层出不穷，设计者常常抓住民众容易忽视的细节展开创意，往往在使用的过程中使人眼前一亮。这些功能设施充分考虑了人的行为习惯，在生理、心理特征，实用性、安全性、适用性之外又融入了艺术性，在满足公众使用功能的同时以艺术品的形式呈现出来，给人增添了几分审美情趣和享受，给环境带来了几分装扮和点缀。

户外空间的公共设施以功能性为主，却不免缺失一种贴近人心的亲切之感。而设计者的工作就是运用艺术化的手段让户外公共设施更显亲和力和生活情趣。基于这一点的考虑，设计师将设计创意融入现有既定的公共设施上，通过二次设计，为公共设施赋予新的意义，同时也让原本仅具有功能性的环境设施在艺术价值上得到提升（见图4-19）。

图4-19　垃圾箱功能性和艺术性的结合

公共设施的功能性是空间景观的重要属性，对空间景观中的功能细节的关注说明设计师能站在使用者的立场上进行设计，再将艺术的情趣和美妙潜移默化地传达给人们。在公共设施设计中兼顾功能性与艺术性（见图 4-20、图 4-21），使空间景观在功能性上获得较大的提升。

图 4-20　公园的公共棋牌设施

图 4-21　公园的公共游戏设施

（五）临时性

随着公众在公共环境中的自我意识形成，加之城市公共空间的开发，公众与公共环境的关系变得日益密切，于是在公共景观的长期性和永久性之上，一种临时性的公共景观出现了。临时性公共景观具有短期性、流动性、延伸性、突发性、计划性、公益性的特征。

全球著名的"大象游行""复活节彩蛋"等都属于临时性公共景观，但这种临时性公共景观却给人们留下了难忘的记忆，且这种社会影响会随着之后作品和艺术活动的再次更新、展示而继续得到延伸。因此，这种临时性公共景观虽然展示期较短，但具有流动性和延伸性的特征。

　　有些公共场所会专门预留出一处空间，用于临时展示户外雕塑、装置、壁画等形式的公共艺术作品。这类用于临时展示的特设区域可以是一片草坪、一座小广场，也可以是一条街路，而在展示方式上可以集中展示也可以分散设置。对于公众而言，临时性公共景观作品看似突然出现在公共环境中，给人意想不到的新奇之感，其实从提案到策划、准备到实施，整个运作过程是需要一定时间和人力的。因此，临时性公共景观并非即时展开，而是在缜密的计划中实施的。

　　例如，在伦敦特拉法尔加广场四角分别坐落着四个基座，其中三个基座上各自设有一尊英国 19 世纪著名的人物青铜雕像，体现了强烈的政治权利和社会关系。令人奇怪的是，唯独位于西北角的基座上空空如也。这个空荡的雕塑基座建于 1841 年，最初计划设置一尊青铜的威廉四世骑马像，但因制作经费问题最终没能实现。后来在资金问题得到解决之时，却因为决策者在探讨到底该设置何等身份的人物塑像的问题上出现意见分歧而最终悬而未决，导致该基座在 1841—1999 年一直处于空置状态。渐渐地，英国民众习惯了这个空无一物的基座，仿佛这才应该是它本来的面貌。

　　20 世纪 90 年代末，英国皇家学会设立了第四雕塑基座公共艺术项目，为执行该项目，伦敦成立了指导和监督作品展示的委员会。该项目计划每年展示一件公共艺术作品，填补了一直以来第四基座的不完整性（见图 4-22），并为当代艺术家提供一个跨越历史时空的"特定展示场地"，极大地激发了当代艺术家的创作灵感。

图 4-22　第四基座与其上的公共艺术作品

　　临时性公共景观通常具有一定的公益性，通过作品向社会传达某种信息和意义，多以个人或组织的名义将作品在公共场所进行短期展示。

　　例如，2010 年 12 月，由国际环保组织"绿色和平"携手北京奥美举办的"我本是一棵绿树"公益活动在北京世贸天阶启动。在活动现场，人们看到了 4 棵高约 5 米、呈现艺术造型的大树。大树并没有绿叶的映衬，仔细看才发觉它们是用废弃的一次性筷子制作而成的"筷子树"。这件公益作品名曰《筷子森林》，用于制作的 8 万余双废弃的一次性筷子是由 20 多所大学的 200 多名学生志愿者协力从各餐馆搜集而来，并与设计师一起将它们重构还原成树的模样。

　　这 4 棵没有生命的大树虽然树干挺拔向上，树枝伸向天空，但在寒冷的冬季里却多了几分苍白无力，让在场的人不禁去回想它们曾经郁郁葱葱、充满生机的样子。"绿色和平"组织就是希望通过这个公益活动唤起民众的环保意识，呼吁拒绝消费一次性筷子，以此保护日益匮乏的森林资源。

第三节　城市公共空间景观材料设计表现

　　公共空间的景观物质材料在景观设计中起到至关重要的作用。各种物理材料通过不同的加工工艺或处理方式制成特定形态的三维实体，这也是作品存在的基础。材质不仅具备艺术性，还具备耐久性，耐久性对景观未来发展起关键作用。由此，在如今不断发展的社会背景下，艺术语言和技术方法得到了广泛而多元的发展，也使物质材料和处理方式得到了充分利用。

一、材料的分类

（一）金属

　　设计师在选择材料时，需细心考虑金属的特性、色泽和外观。

　　金属表现出的特性主要体现在其所具备的物理属性和化学属性上。在锻造过程中，金属材料会受到力量、温度和形状改变等的影响，其物理性质会因此而发生相应的改变。此外，我们可以认为，金属材料的化学性质可以描绘物质在化学反应中的行为及对腐蚀的抵抗能力。金属材料的色泽和审美特征是指各种材料的外观和美学表现。

　　铜、钢、铁是景观空间设计表现中普遍使用的三种金属材料。其中，铜材采用铸铜和锻铜的制作工艺。铸铜质地浑厚、保存状态稳定，多采用青铜和黄铜进行铸造，其优良的色泽和高强的防腐性能备受业界人士的青睐而被广泛应用（见图4-23）。

图4-23　《大连建市百年纪念》铸铜浮雕

　　相比之下，锻铜的厚度薄、质地轻，更适于制作形态概括简洁、跨度较大的悬挑造型结构，在增加表皮厚度和内部钢架支撑的情况下还可用于大型作品的制作，且制作成本低于铸铜。

　　随着现代科技的发展，金属材料的开发应用得到延伸。众所周知，一般的钢材不具备对腐蚀的耐受性，即便是在表面上电镀或喷漆也不可避免其腐化生锈。而不锈钢作为合金钢的一种，耐热、耐高温、耐低温、耐化学腐蚀，具有一定的强度和硬度，不锈钢所独具的光滑明亮的质感和肌理也使它的魅力更具时代特色，在当下环境艺术领域的应用上可谓独树一帜（见图4-24）。

图4-24　不锈钢花池、坐具

不锈钢在锻造方法上和锻铜类似，同样需要经过打骨架和封板阶段。一般金属锻造工艺适合制作形体结构概括简洁、体量较大的艺术品，因此不锈钢作品多倾向于抽象形态表现。当然，不锈钢也可锻造一般的具象形态作品，只是对于形态复杂且体量较小的造型来说，在细部锻造上会相应增加难度。所以在进行诸如具象形态作品的设计时，设计者应根据工艺要求来考虑形态结构在整体上的概括性，力求使造型体块分明。同时，设计者应确定一个适合工艺锻造的体量，避免增大不锈钢锻造的工艺难度。

（二）石材

在景观艺术设计中，石材是被广泛运用且极具表现力的材料之一。古往今来，石材一直伴随着艺术文明的发展历程，承载着无数个凝聚着人类艺术智慧和技艺结晶的不朽之作。早在旧石器时代，人们就开始在岩洞的石壁上刻画，用石头制作器具和小型工艺品。随着时代的迭变，石材被广泛地利用到雕塑、建筑上，它具有的原始之美、天然之感、永久之力得到了艺术家、建筑师的推崇和钟爱。当年野口勇曾在康斯坦丁·布朗库西（Constantin Brancusi）的工作室当助手，和布朗库西学习石雕技法。通过对石雕的学习，野口勇加深了对空间和自然的理解，并激发了自己用岩石创作雕塑的兴趣。

适于造景的石材众多，以花岗岩和大理石为例。花岗岩石质坚硬、结构均匀，材质肌理效果佳，分为红、黄红、花白、黑等色泽，被誉为户外造景的首选石材。花岗岩质地坚硬，在细部加工上具有一定难度。相比之下，大理石的石质较软，花色纹理丰富，在雕刻精细度上更胜一筹，且加工方便。但并非什么等级的大理石都适于放置在室外使用，一般大理石的室外耐久性差，长时间放置在室外容易被风化和溶蚀而失去本来的色泽，这是由大理石的性质决定的；而优质的大理石因不含杂质和气孔，所以可避免出现上述情况。所以，大理石通常用于室内或半室内的建筑装饰或环境景观装饰之用，最普遍的室外保养方法就是定期在石材表面涂抹防护蜡。

在石料的选用上可分为荒料和方料两类。荒料指在采石场直接开采的不规整的石料。方料是严格根据雕刻模型的分块大小加工成相应的规格尺寸的石料。一般来说，石料的加工方法分手工制作和机器加工。

（三）木材

木材以其容易加工、独特的纹理和形状、出色的可塑性，以及自然美感而备受环境设计师的推崇，这种材料被广泛运用于景观艺术领域。

木材按软硬程度有硬材和软材之分。硬材难以雕琢，地质坚韧、纹理密实，不易变形且韧性高，适于表现造型结构复杂、精细的作品，如桦木、杨木、樟木、楠木、榉木、槐木等阔叶树材。软材质地松软，易于雕琢，但不适于深入细化，因此多表现造型简洁、形象概括的作品，如松木、柏木、杉木等针叶树材。

对木材的选料，我们应注重因材施艺，通常在木料的形态、质地、纹路等方面加以揣摩、遴选，在保有材料自身性质的基础上，加以整合、加工，以达到天人合一的景观效果。对于木纹变化丰富、富有趣味的木材，其造型设计应该力求简洁概括，以能充分表现出木材纹理为最佳（见图4-25）。对于色泽弱的木材，则可做着色处理以加强质感。此外，用于造景的木材须经过自然或人工的干燥处理后方可使用；否则，未干燥的生湿木料在造型过程中极易出现变形、开裂的现象，以至影响景观作品的顺利造型和艺术效果的表达。

作为设置在室外的木制景观作品，自身的耐腐性极为重要，杉木最具天然耐腐性和耐久性，因此适合用作室外木制景观作品的制作。此外，柏科和樟科木材也具有不错的天然耐腐性。无论木材自身的耐腐性是强还是弱，都要进行人工防腐处理，以使作品呈现出更持久的艺术效果和景观魅力。

图4-25 利用地方木材营造滨水景观

（四）塑料

塑料是一种高分子有机化合物，由树脂、增塑剂、润滑剂、稳定剂、着色剂、抗静电剂等多种材料聚合配制而成，其中合成树脂是塑料的主要成分，所占含量一般在40%～100%。因此，树脂的性质往往决定了塑料的性质，久而久之，树脂也被看成塑料的同义词，业界也称之为有机玻璃、塑胶玻璃、玻璃钢。

塑料的种类繁多，不同的单体及组成可以合成不同的塑料，它以固体或液体、坚硬或柔软、密实或轻快、透明或半透明或不透明、易燃或不易燃等多种形态和性质存在。无论是以表现造型艺术为主的景观雕塑和小品（见图4-26），还是强调功能使用的城市家具设施，塑料都具有广阔的使用空间，在制作和表现上发挥了一定的价值。

图4-26　塑料垃圾制作的景观雕塑

塑料的一个极为重要的特性就是能以流动的液态来造型，在加工完成时又可呈现固态形状且坚实耐久。有机化合物特性使它在季节性腐蚀方面也具有极强的耐受性。

塑料材质的景观作品大多表面光滑，具有人为加工的色泽。这是因为塑料作为人工合成材料，质地本身的艺术魅力并不大，仅仅是作为实现艺术表现和功能性的一个载体而被加以利用；人工涂色往往可以使单调的塑料变得美轮美奂（见图4-27），成为附着在塑料上的某种艺术语言，在景观形态表现上常常给人耳目一新之感。塑料在城市家具和公共艺术中运用广泛，表面的光滑处理易于上色和后期保洁，既能发挥亲人的功能性，又独具当下的时代气息。

图4-27　人工涂色使塑料雕塑更加美观

此外，塑料作为金属和石材的代替品总会带来令人意想不到的效果。塑料造型的可操作性可以翻制出复杂多变的造型体，坚实性可以使它具有一定程度的耐久力，可着色性使观看者在第一印象上形成金属和石材般的感觉。与金属和石材相比，塑料的成本低、质地轻薄，易于操作安装，因此在中、小型尺度作品的制作上，塑料通常被用来取代金属或石材。

然而，塑料这种材质也存有弊端，它作为仿制材料必定在表现的真实性上有所局限，在肌理和质感上始终难以达到真切的效果。虽然塑料自身具有一定的耐久强度，但它毕竟是合成材料，比起金属和石材还是显得有些逊色。

（五）混凝土

混凝土是一种常用的固化混合材料，由胶凝材料、颗粒状集料、水、化学添加剂和矿物组成，在土木工程领域的应用十分广泛。将水泥作为黏合剂，将砂和石料作为集料，在此基础上加入适量水并进行搅拌加工而成的材料就是水泥混凝土。

混凝土材料是从建筑材料延伸而来的环境设计艺术新材料，之所以被广泛应用到环境艺术设计中是因为它具有极强的实用性能。

第一，混凝土抗浸水、抗潮湿。它对大气中含有的高浓度酸、碱、盐都有很强的耐腐能力。即便长期处于恶劣环境中，混凝土也具有高超的耐腐强度，一般沿海城市环境中多采用混凝土材料，就是考虑到它的耐腐性。

第二，混凝土在胶凝状态到硬化的过程中具有很强的可塑性，可以塑造出丰富的造型，硬化后坚实无比，耐久性极强，而且时间越长，耐久度越高。

第三，混凝土材料成本低、容易获取，这也是它被广泛应用的重要原因之一。

任何事物都有正反两面性，完全凝固后的混凝土的重量会增大，加之内部含有钢筋骨架，其重量往往是其他材料的几倍，不便于移动，更多情况下仅局限在原地施工。常规下的混凝土在温度25℃环境下初凝不小于45分钟，终凝不大于600分钟，操作时间上紧促，较为考验技师的操作速度。

在环境景观表现上，混凝土素有"人工浇筑的石头"之称，在更多时候被看作取代石材的理想材料。混凝土在造型方法上大体分模具浇筑法和直接塑型法两种。

模具浇筑法是通过往造型模具中灌入混合水泥浆体，并融合钢筋构架而成形。成功的浇筑法可以保证水泥形态在拆除塑型模具后仍能保持原有的造型，这需要操作者具有一定的浇筑技术和经验。

直接塑型法是指在混凝土毛坯基础上进行雕刻和塑造。混凝土是一种浇筑材料，在进行适当调和后可达到黏土一般的可塑性。直接塑型法的重点在于根据水泥的不同凝固阶段对其进行不同方法的加工。其中，湿法加工是在水泥初凝状态下对其进行造型加工，此时水泥没有完全变硬，处于黏糊状，再进一步放置养护后，此时的水泥状态极易于塑形和刻画（见图4-28）。干法加工是在水泥完全凝结变硬后对其进行造型刻画，一般选用细砂、蛭石、珍珠岩、粉状大理石这类质地较软的集料，可以使混凝土变得较软，以便于雕琢刻画。

图4-28　湿法加工的混凝土着色浮雕群

混凝土并不局限于单色的、石材质感的表现，通过对水泥的表面处理还可以呈现丰富多样的色彩和肌理。镶嵌手法就是利用水泥在初凝时的黏糊状态，将含有一定水分的瓷砖、石块、彩色玻璃碎片放置在它表面，根据镶嵌效果进行一定程度的按压。

（六）综合材料

在 20 世纪 60 年代，随着西方商业文化和大众文化的兴起，雕塑艺术开始探索更为多元的材料选择方向，混合材料由此诞生。在那一时期，包括石、金属、木材在内的传统材料已经与包括树脂、玻璃在内的新型材料相结合，这使景观设计作品也进一步延伸到户外领域，与土地、建筑、植物等环境元素实现了有机融合。

当下，新技术和新材料的研发已经将综合材料的使用推向新的高度，传统材料很难满足时代发展的需要。材料的使用既不可能一成不变，也不可能有一种材料永远都能达到最好的审美效果和材质表现力。材料的多样化更是景观环境的客观要求，特别是在当代城市空间环境中，传统材料都会受到较大的局限，运用和研究多种材料来营造当代的审美空间环境是城市景观价值实现的物质保证。从现代理念来看，新的材料运用和发展是无止境的，而且城市景观形态的审美发展往往正是通过新材料的运用才得以体现的。

例如，在里约热内卢阿文古达大街上有一条长 306 米的景观带（见图 4-29），该景观带居于大街中间，起到了中央路缘带的作用。景观带宛如一条狭长的岛屿，形成由石头、混凝土、草坪、多种金属相结合的巨大景观构筑物，有人将这条景观带称为庞大的城市雕塑，整条景观带造型高低错落，横向纵向都有扶栏阶梯供人行走。黑色的行板镶嵌在筑起的旱坡和挡墙里，形成戏剧化的软硬对比。

巴塞罗那先锋派雕塑师洛克（Locke）运用多种材料的有机组织，设计创造出这个形态奇特的巨大街道景观带，无形中改变了这段街区的景观面貌。当然，这种改变是受到人们的喜欢和认同的。该景观带也可用于休憩和观景，给人带来充满情趣的行走体验。

图 4-29　阿文古达大街景观带

二、材料的特质

任何材料都有自身的特质，并具有可变化的潜能。一根木头作为曾经生命体的一部分，它的纹理和颜色已经足以呈现原有的样貌。一块石头的物质结构、颗粒结晶、硬度等所呈现出的状态都来自时间和大自然的孕化。一块金属通过铸造和加工，或粗糙斑驳，或洁净光滑，或渗透流动，或坚实可塑。目前，新型材料的范围已扩大，不仅包括塑料、玻璃、棉麻，还包括陶泥和高级合成材料等，每种材料都具有独特的审美肌质、审美潜质。在确保材料美感和效果表现方面，专业技巧起着至关重要的作用。

上述的审美肌质和审美潜质就是材料的特质。材料的特质体现在如下三个方面。

第一，材料的审美肌质要符合作品所要表现的审美品质。肌质是看得见、摸得着的东西，指一种材料的材质性质，材质往往给人以直观的面貌和感受。如果材料的基本审美肌质被忽视，那么材料语言和作品品质就不能达成统一，就会破坏材料本身的情感和话语。

第二，材料的审美潜质需要设计师来挖掘。这些材料在切割、雕琢、打磨、提炼、整合等一系列加工过程中，会逐渐将基本物理性质之外的潜质发挥出来，以获得意想不到的效果。这种材料的特质潜能需要设计师潜心开发，以最大限度地强化材料的特质。

第三，技巧是实现材料审美的保证。材料在技术上的处理绝不完全取决于机械，更重要的还在于技巧的运用。技巧的高低和处理手段的成熟与否直接决定了作品品质的好坏。

三、材料在空间环境中的设计

景观材料与空间的关系是密切相关的，不同材料在不同空间环境中的表现力是不同的。对材质的正确选择是挖掘审美支撑体的重要保证。

在景观设计创作过程中，设计者应始终确保景观材料与空间的关系协调一致。除了外观和设计风格，设计者所选择的材料纹理也在环境中扮演着关键的角色，可产生重要影响。此外，作品与空间的协调性是通过一致性与差异性之间的平衡加以体现的。在规划环境设计时，设计者需要依据上述原则来挑选景观材料。

在创造城市公共空间时，一个关键的考量要素是如何让材质与周围的环境协调统一。这种协调统一不仅是一种视觉效果，更涉及所创造的公共空间作品与环境在心理层面的体现。当不同的材料所处的空间环境不同时，它们会展现出不同的表现力，这使选择材质成为一个充满变数和挑战的过程。从实践角度来看，如何判断材质在环境中的合适度，实际上并没有统一的、量化的标准，关键在于如何将这些材质与环境的性质、所使用的构建材料、空间尺度、形态设计、色彩搭配等因素相互匹配，从而协调各种关系，达到整体上的和谐统一。有时，设计者可能希望突出环境中的某个视觉焦点，他们往往会通过打破原有环境场域的方式，为环境带来全新的对比和变化。这种对比和变化不仅可以增强空间的层次感和趣味性，还可以强调某些特定的元素或信息。在统一与对比之间，其实存在一种相辅相成的关系。材质的选择应该赋予环境更多的统一感还是更多的对比感，完全取决于设计者的设计意图。有时，统一感可以带来宁静与和谐；而有时，对比感则可以突出重点和焦点，引导观众的视线和注意力。

例如，坐落在法国罗浮宫前的玻璃金字塔（见图4–30）建造于20世纪80年代，是当时法国总统弗朗索瓦·密特朗（Francois Mitterrand）在推行经济和城市环境改革时，作出的一个罗浮宫修复工程提案。这座艺术品般的金字塔形建筑被法国人誉为"罗浮宫的宝石"，由国际知名美籍华裔建筑师贝聿铭设计，但在设计之初该方案就在造型和材质问题上引起了众多非议。人们质疑的是这样一个采用金属构架和玻璃材料的现代建筑到底适不适合出现在这里，而且建筑的形态竟然还是古埃及金字塔的造型。

图 4-30　罗浮宫前的玻璃金字塔

法国人不能接受在具有几百年历史文化的罗浮宫前建造如此现代且又造型奇怪的建筑，人们更担心这个新建筑在毁坏古建筑的同时，也会毁了金字塔。对此，贝聿铭先生表示玻璃金字塔不同于石头金字塔，远古时期的金字塔仅仅是用于陈放逝者的墓室，而透明金字塔则是服务于当下民众的，过去和现在的时代精神在此融汇，人类最杰出的作品应该留给更多人来欣赏。此外，玻璃材质的透明金字塔和周围褐色古老的石头宫殿形成鲜明的对比，以此表示对历史文明的敬意。而且，透明的玻璃材质镶嵌在金字塔形的金属构架上，材料本身具有的艺术语言赋予了罗浮宫新的现代意义。透明的玻璃表面还可映射天空色彩的变化，同时为地下设施提供良好的采光。这一设计独具创意地将古老宫殿改造成现代化的美术场馆。

由此可见，材质的外显性会让空间环境发生最为直观的变化，这种变化或被周围的人们认同，或被反对，但只要设计师的设计理念能赋予这种变化更深层的意义，也同样会使人们的观念有所改变，最终得到人们的认可。

第四节　城市公共空间景观色彩设计表现

光、色对人眼和大脑的作用体现在人对色彩的生理反应上，而色彩给人带来的主观感知和想象则体现在人对色彩的心理反应上。公共空间景观设计自然离不开对环境色彩和景观色彩的装扮。如果说材料本身的肌理效果是景观的皮肤，色彩则更像是一件外衣，而环境的色彩就像一个舞台。"舞台""人的肌肤、衣装"所呈现出的色彩应一同作为整体被考虑。设计师经常利用色彩来加强空间景观的象征意义，传达景观信息，增强景观的视觉效果，从而丰富环境的艺术感，渲染独特的情感气氛。此外，色彩在引起观者注意力方面十分关键，它能使观者更深刻地感知环境，激发其兴趣，理解、感知、领会空间景观的设计内涵。

一、城市色彩环境结构

空间景观与城市环境的关系是局部与整体的关系。空间景观的色彩结构离不开城市色彩环境结构的总体框架。城市各区域所处的空间位置不尽相同，在整体城市环境结构中承担着不同的功能、占据着不等的地位。在分析景观色彩时，应把景观色彩放到区域的整体环境中，依据从整体到局部、从宏观到微观的逻辑关系进行空间景观色彩的规划。

（一）城市总体色彩环境结构的组成元素

城市色彩需要与城市环境的结构形态密切结合，这就需要借助空间的"点""线""面"元素，提出城市总体色彩环境结构框架。也就是说，在城市的色彩环境结构中，需要有色彩节点、色彩轴线、色彩街区等元素。

在城市色彩总体环境结构上，主要的规划内容有三项，包括城市色彩各个层次节点的布局、各级轴线的布局，以及各个城市街区色彩重要度的级别。

这里所说的节点是整个城市色彩系统中的色彩亮点和标志点，可以起到地标作用，增强该地点的可识别性，对整个城市的色彩起到统领全局的作用。轴线是整个城市色彩系统中的色彩骨架和特色景观廊道，它将各个节点与街区联系起来，对全城色彩起到组织作用。街区是构成城市整体色彩的基本单位，街区的色彩特点直接影响城市的色彩特点。

（二）城市色彩规划内容

城市色彩环境结构包括总体色彩环境结构、片区色彩环境结构和具体地块的色彩空间结构。从空间形态的类别来看，街区、庭院、公园等是"面"状空间，其规模范围相对较大；街道、滨水、绿带、铁路等是"线"

状空间，具有边界性和轴线性；交叉口、街道转角、广场、重要建筑等是"点"状空间。

由此可以明确城市色彩环境：①道路两侧建筑围合空间，包括街道线性空间和街道立面色彩；②具有交往功能的场所和节点空间色彩，包括公园、广场、庭院、交叉口、转角等；③道路与道路共同构建的街道网络，即街区色彩。

公共空间景观的色彩应在城市色彩环境结构基础上加以分析和制订。需要明确所在城市区域是否编制过城市色彩总体规划和城市色彩控制性详细规划，若有，则需要以此为依据，落实景观色彩在空间结构中的详细色彩布局；若无，则需要补充这方面的主要内容，明确作品设置区内的"点、线、面"色彩空间结构关系。主要规划内容包括明确街道各个层次节点、轴线、街坊的布局，明确区域内各个建筑色彩的关系，明确城市景观空间中需要强调的各个节点和界面，明确城市景观空间中具体建筑的色彩。

二、色彩的分类和作用

公共空间景观色彩大体可以分为材料本身的色彩和涂料所呈现的色彩。

材料本身的色彩好似人的肤色，其颜色并非浮在表面，而是来自物体内部，比起涂料所呈现的色彩更内敛深沉。同时，材料的色泽往往结合材料的肌理效果一同被呈现出来，所传达的情感也具有一定的个性和隐喻性。比如，不锈钢色泽的明快、青铜色泽的凝重、木材色泽的柔韧等，这些色彩都充满了本质魅力。因此，许多设计师更喜欢和善于直接运用材料本色来传达景观创意和理念。相比之下，涂料的色彩则显得更加灵活自由，它不受材料的限制，配色范围广，给人的视觉感受也比较直观。在表现色彩和造型相结合的空间景观场合，一般多采用涂料着色。

长期以来，基于经济和美观的指导方针，公共景观在色彩选择上存在很大的随意性，往往已定的色彩数据和实施后的效果存在很大的偏差，在设计中很少考虑所在区域色彩的现状特点，同空间结合得不够紧密。诸多原因最终导致无色彩的、简单的、过于程式化的公共景观普遍存在。加之城市色彩规划所导致的城市面貌相似度越来越高，整个城市色彩环境显得不尽如人意。公共景观作为与城市和经济发展密切相关的产物，应力图在三个方面进行色彩引导，即延续城市色彩文脉、纠正城市色彩局面混乱无序的现状、控制和引导新建部分的色彩秩序。

在公共景观色彩设计上有两种模式可供参考。

一是以日本为代表的亚洲模式。在日本，公共景观色彩设计是与城市环境色彩规划同步进行的。在前期资料收集阶段，对城市自然环境色彩、大规模建筑色彩、季节性与地域性影响展开调查。在对所取得的资料进行整理分析的基础上，制订色卡，以明确公共景观在地区性、个性、特性上的色彩考虑，力争使公共景观色彩产生对整个城市环境的感染力。

二是欧美模式。欧美国家对色彩问题的探讨始终是由上至下的，即由建筑师发起，通过设计师的设计，营造丰富多彩的城市环境。欧洲国家对城市色彩问题的考虑是建立在历史建筑保护和修复基础上的；关于公共景观色彩方面的研究，也是更多地强调景观色彩与建筑环境色彩、空间及使用者的关系。

三、色彩的感知和设计

景观色彩设计往往结合造型设计同步进行。色彩不仅会让观者产生先入为主的第一感觉，即便对设计阶段的设计师来说也会造成对色彩主观感受上的影响。这种影响通常会造成色彩选用上的失误。比如，同一色彩在面积、形状、位置上的变化都会改变人们对它的最初判断。

从色彩面积的对比来看，同一色彩的面积越大，它的纯度和明度越强；反之，纯度和明度越弱。面积均等的两种色彩间的对比度最为强烈，而面积相差较大的两种色彩间的对比度则相对较弱，且随着色彩面积的悬殊，对比度将越来越弱。此时，面积大的颜色会成为整体上的主要颜色，而面积小的颜色会呈现对方色彩的补色倾向，面积虽小，却显得鲜艳突出。

色彩是依附在空间造型体之上的，空间造型体并非单一形态，而是呈现出复杂多变的形体结构，因此形状对色彩间的对比度有着极大的影响。

一般简洁规整的空间结构，其颜色与周边环境的对比效果是强烈的，具有一定程度上的色彩冲击力。而复杂分散的空间结构，其色彩对比会随着空间结构的分散而变弱。正像 20 世纪 60 年代后期，当美国摩天大楼四处林立、多功能的玻璃幕墙大肆占据城市空间时，亚历山大·考尔德（Alexander Calder）不拘一格的纯红色雕塑开始出现，形态巨大、简洁的抽象体加以大红纯色，这无疑成了人们眼中的亮点，打破了城市化环境中日益加深的严肃、封闭之感。

色彩间距也会造成对比强度的变化。融合在一起的几种色彩的对比最为强烈，一旦将它们分开，对比程度会稍微减弱，且随着距离和位置的拉大，对比强度会越来越弱。此外，色相、明度、纯度之间的对比变化也会使作品的色调呈现出不同的面貌和氛围，可见色彩设计的过程就是在不断尝试不同色调与不同形态之间的组合变换的过程，最后力争在多个配色方案中寻求到一个最为合适的配色方案。

为了避免色彩所带来的主观影响，设计者在进行景观色彩设计时，要准备一套建筑装饰用涂料的非透明色系卡，以此作为一个色彩模拟装置，尤其在做现场环境色彩调查时，色系卡可以代替计算机软件的配色功能，帮助设计者理性地认识环境色彩、判断景观色彩配色。色彩本无美丑之分，它会通过其他一些关联而变得或美或丑。因此，了解色彩设计对象周围存在物的色彩，以及处理这些色彩间的关系就成为一个重要的课题。在景观色彩设计中，必须了解周围环境色彩是怎样一种状态，并给这些色彩建立相匹配的色彩关系，从而使整个地域的景观更加和谐。

掌握了周边环境色彩的分布状况后，就进入实质性的景观色彩设计阶段。在此阶段需要考虑的事项繁多，其中有两点需要特别注意，即区域特性、配色次序与调和。

（1）区域特性。各个地区基于当地气候、风土人情、历史脉络会呈现独特的风格，这种风格体现在街区、建筑形态、材料和色彩的面貌上。运用色彩调查分析所得到的信息，进一步提炼出适应地域特征的色彩并加以灵活运用，调整区域整体色彩之间的关联性，力争达到空间景观作品与环境的协调，极大地发挥区域特性。

（2）配色次序与调和。配色次序与调和涉及色彩的具体运用，所谓次序就是选择与整体环境色调相匹配的景观颜色，将这些颜色作为整体环境色彩要素的一部分，厘清所用景观色彩与其他环境色彩元素间的关系。比如，周边环境色系倾向于淡淡的暖灰系，整体景观色彩也要考虑采用该色系，以此使景观色彩与环境色彩之间更为调和。

　　虽然环境基色代表了区域特征，但根据场所空间性质的不同，景观色彩也可以打破整体环境基色，使之产生变化。有些区域会采用多种景观色彩的组合，而并非都集中使用同一色系。无论是单色系还是多色系，采用和环境相似度高的色彩，往往也会因为缺少色彩对比而使人感到乏味无趣。这种情况下可在基本色调范围内添加对比醒目的互补色，突出景观色彩在整体基调上的变化。至于这种对比度需要达到怎样的强度，仍然需要通过调整明度、纯度来实现。色彩越鲜明，越能带给人们感官上的刺激，给人留下的印象也越深刻。可根据区域环境色调现状、景观形式、主题等因素灵活地运用色彩变化。

　　例如，丹麦哥本哈根市中心的超级线性公园在色彩上被大胆拼接为红、灰、绿三色，形成三块色彩鲜明、拥有独特景观氛围和设施功能的区域。红色区域为文化娱乐活动用地，灰色区域为集会社交用地，绿色区域为被绿地环绕的自然体育活动用地。整个公园涵盖建筑景观、公共艺术景观、公共设施景观。

　　在设计时，设计师在社区公园环境色彩的选择上充分调动民众的参与意识，听取民众意见，最终选定将灰、绿、红三种色彩进行拼接。灰色区域的色彩与周围建筑环境相近，绿色区域的色彩软化了社区建筑和道路的坚硬感，而红色区域的色彩充分地调动起该区域的色彩活力，使其形成独具特色和魅力的色彩亮点。

　　总之，通过调整色彩明度和纯度、色彩的比例和尺度、色彩的形态和材料等因素，设计者最终归纳出相应的色调加以调和，以达到空间景观和区域颜色的匹配。

第五章　城市公共空间景观设计实例

　　本章将从城市广场景观设计、城市道路景观设计、城市公园景观设计、城市滨水景观设计四个方面对城市公共空间景观设计实例进行论述，介绍不同类型城市公共空间景观的设计方法，赏析经典设计案例。

第一节 城市广场景观设计

一、城市广场规划设计要点

人们不仅会关注城市广场的外观设计和装饰，还重视其功能和实用性，并将其视作城市的重要组成部分。城市广场功能的体现包括精神满足、知识性需求、新奇感受、美学享受、机能满足、环境需求等。

按照城市总体规划确定的性质、功能和用地范围，结合交通特征、地形、自然环境等进行广场设计，并处理好与毗连道路及主要建筑物出入口的衔接，以及和四周建筑物的协调，注意广场的艺术风貌。

古典广场一般没有绿地，以硬地或建筑为主；现代广场则出现大片的绿地，并通过巧妙的设施配置和交通，竖向组织，实现广场的"可达性"和"可留性"，强化广场作为公众中心"场所"的精神。

（一）突出主题表现

广场的选址应在城市的中心地段，标志物最能体现广场的主题，雕塑是最直接的手段，不仅要有美的形式，同时要经得住时间的考验。

（二）广场面积适宜

城市中心广场的面积要适度，不宜规划得太大。太大不仅在经济上花费巨大，在使用上也不方便，会缺乏活力和亲和力。交通广场的尺寸大小受交通量、车辆流动的方式及交通管理方法的影响。同样，集会示威广场的大小将根据预期参与人数决定，而体育场、电影院、展览馆前的广场则需要考虑如何在高峰时段和疏散时期有效地管理人流和车辆通行。

（三）有一定的围合性

城市广场是随着城市空间产生的，对周边的建筑等形成凝聚力，因此广场规划设计应有一定的围合性，使广场景观形成向心感和空间序律。

在这种空间序律中，人们容易产生领域感和归属感，乐于停留其中。反之，空间界定模糊的广场，会造成不同空间之间在使用过程中的相互干扰和影响，难以吸引人们停留，更难进一步诱发市民在此举行活动。

经过研究：当广场景观宽度与周围建筑高度之比为 1：1 时，形成的广场空间围合感强，视线较封闭；当广场景观宽度与周围建筑高度之比大于 3：1 时，围合感弱，缺乏亲切感。过大尺度的广场给人空旷、飘忽、不稳定的感觉，难以让人在此进行各种交流娱乐活动（见表 5-1）。

表 5-1　建筑界面的高度与广场的空间尺度关系

D/H 的比例	垂直视角	观赏位置	空间特性	心理感受
D/H=1	45°	建筑细部	封闭感强	安定、内聚、防御性
D/H=2	27°	建筑全貌	封闭感极强	舒适
D/H=3	18°	建筑群背景	封闭感弱	离散、空旷、荒漠

注：周边建筑界面的高度为 H，人与建筑物的距离为 D。

广场的围合形式有多种。当广场处于城市空间中且尺度不大时，周边建筑对其本身具有围合性，不需要专门设置围合物；当广场处于较为宽广的地块或尺度较大，周边建筑对其的围合性较低时，则需要通过设计形成一定的围合，如墙体、构筑物、花坛小品、植物、下沉式设计等。

（四）有较好的可达性

广场上的景物是烘托和渲染广场气氛的重要元素，起到组织、引导人流的作用，使人们能够自然顺利地进入。有的广场绿地四周被繁忙的交通包围，人们难以进入，即使广场中有花坛、花架、喷泉、坐凳等设施，也会受到交通干扰而降低使用频率。

（五）有可诱发人们活动的媒介

人们在广场中的各种活动属于自发性和社会性活动，这些活动的发生都依赖于适宜的环境条件。在广场规划设计中，在广场空间的划分、植物配置、小品设置、日照和风等方面，应尽可能创造各种适宜的环境条件，促成活动的进行；通过雕塑或喷泉吸引行人停下来或引发交谈，使广场充满生机和活力。

（六）有一定的文化内涵，体现地方特色

在进行广场景观规划时，注意体现地方特色及文化内涵，理解与分析不同文化环境的独特差异和特殊需要，设计出本城市、本区域文化背

景下的广场空间环境，形成独特的景观效果，使广场景观成为城市面貌的一个亮点。例如天府广场是成都市的会客厅和地标名片（见图5-1）。它位于成都南北中轴线上，以金沙文化、蜀文化为主要元素，暗藏中国传统的阴阳八卦。

图5-1 成都天府广场

（七）城市广场的边界与过渡

1. 城市广场的边界

芦原义信提出："广场是从边界线向心的收敛空间，边界线不明确收敛性则差。如果不存在边界线而形成离心的扩散空间，那就成了自然的原野或天然公园之类的空间。"[①] 广场被人们称为城市的"客厅"。现代城市广场和西方中世纪广场的最大区别就在于其空间的开放性、功能的多样性、民众更多的参与性，因此广场被设计成两面甚至三面朝向公共道路用地开放，让行人在视觉上感觉到广场是道路红线范围的延伸。现代城市广场的边界已不再是建筑的外墙，而是通过将广场绿化向人行道延伸，向人们暗示已进入广场区域（见图5-2）。

图5-2 吉隆坡独立广场

① ［日］芦原义信：《街道的美学》，尹培桐译，百花文艺出版社2006年版，第52页。

2. 城市广场的过渡

由于现代城市街道在空间上的独立性，广场的围合与边界被弱化，而广场边界的明确和模糊是根据广场的地形、地貌和广场功能等方面的需要来确定的，因此从广场向人行道的过渡设计是广场设计的重要方面之一。例如，利用地形的高差变化，在广场的边界设置花坛、树池、草地、座椅、柱桩等，都可以显示广场的边界并作为广场与道路的过渡。

城市广场的边界与周围的环境、建筑空间的功能有着密切的关系，有些较窄街区中的大型商场、超市、饭店、公司楼前广场，就没有必要将边界和人行道加以明确。从人的心理和行为方式来看，人们普遍喜欢坐在空间的边缘而不是中间，不想成为别人关注的焦点。因此，城市广场的边缘或边界处的设计，既要达到完美的过渡，又要考虑人们的行为心理，根据环境空间的特点和位置合理地设置休息和观看的空间。

（八）协调好广场与周边道路的组合关系

1. 交叉口空间

由于道路交叉情况的不同，会产生不同的广场景观。在 18—19 世纪的巴洛克城市规划中，曾大量使用中央部分设置公园化的喷泉、雕塑等纪念性雕像的景观构成手法，直到今天仍然散发着魅力，这种广场往往成为具有标志性特征的空间（见图 5-3）。

图 5-4　纳沃纳广场

2. 沿线路边空间

街道沿线产生的空间可以称为路边广场。这种小型的场地在高密度的市区内是最为珍贵的公共空间，多是小巧玲珑的半封闭空间，通过配置植栽和休息设施形成整体宁静的气氛，步行者能够深入。这种场所往往位于街道的中段，可以采取标高抬升或作为下沉式花园来增强情趣性。

（九）符合自然生态与人性化的科学设计

（1）有足够的铺装硬地供人活动，同时保证不少于广场面积25%比例的绿化地，为人们遮挡夏天的烈日，丰富景观层次和色彩。

（2）既要有坐凳、饮水器、公厕、售货亭等配套服务设施，还要有一些雕塑、小品、喷泉等充实内容，使广场更具有文化内涵和艺术感染力。

（3）广场上的小品、绿化、物体等均应体现为"人"服务的宗旨，符合人体的尺度。只有做到设计新颖、布局合理、环境优美、功能齐全，才能充分满足广大市民大到高雅艺术欣赏、小到健身娱乐休闲的不同需求。

（4）广场应按人流、车流分离的原则，布置分隔、导流等设施，并采用交通标志与标线指示行车方向、停车场地、步行活动区。在广场通道与道路衔接的出入口处，应满足行车视距要求。

（5）广场竖向设计应根据平面布置、地形、土方工程、地下管线、广场上主要建筑物标高、周围道路标高与排水要求等进行，并考虑广场整体布置的美观。

（6）广场排水应考虑广场地形的坡向、面积大小、相连接道路的排水设施，采用单向或多向排水。

（7）广场设计坡度，平原地区应小于或等于1%，最小为0.3%；丘陵和山区应小于或等于3%。地形困难时，可建成阶梯式广场。

二、城市广场景观构成要素设计

城市广场的规划布置不是孤立在城市之中，而是城市的有机组成部分。从形态上看，城市广场由点、线、面及空间实体构成，设计时除要考虑城市的脉络和空间的整体性外，还要在植物、铺地、色彩、水景、照明、雕塑等方面予以考虑。

（一）绿化规划设计

城市化进程的加快，使城市的硬化程度越来越突出，城市与自然界的消耗与供给矛盾加剧，严重影响了城市生态系统的自身平衡。植物作为改善城市环境的一个方式，越来越受到重视。

绿化是城市广场景观的重要组成部分。作为软质景观，绿化面积的大小、比例形态及树种搭配等都对广场的形象和使用产生重要的影响。依据广场资源、环境、功能和性质，进行个性化绿化设计，通过植物的种植规划创造出的纹理、密度、色彩、声音和芳香效果的多样性，极大地促进了广场的使用效果，体现了广场的个性特色。

1. 绿化的比例与布局

广场规划的绿化比例随广场性质的不同而有所区别。在确保不影响使用的情况下，交通广场、礼仪广场应尽可能减少硬质铺装面积。例如在铺装上栽种大树，提高绿化覆盖率，或在铺装之间留出一定比例的缝隙植草来软化硬质铺装，或在广场上以摆放盆花的形式点缀美化广场景观。其他形式的广场则应增大软质（绿化）景观的比例，将人的活动与绿化环境融为一体。

绿化布局时要考虑广场的性质与用途。礼仪广场多以规划式种植并采用大块面的布置方法；休闲娱乐广场采用自然式、组合式等布局方法；广场周边的自然元素也会影响绿化的布局，如外围有影响视觉的元素（杂乱的货场等），在其相邻的区域布置密林以遮挡；有良好的景观资源时，则以开敞为主，起到借景的效果；由于我国位于北半球，四季分明，为使广场做到冬暖夏凉，在广场的西北边布以密林，以遮挡冬日的西北风，东南以低矮开敞的树木为主；广场内部植物的种植应从功能上考虑，起到分隔空间和围合作用的可进行多层次复合种植；小空间植物种植可考虑选择季相多变、色彩艳丽的乔木、灌木，吸引人们驻足休息；下沉式广场多选择羽状或半开敞树木，人们穿过时能看到广场的不同部分。

2. 绿化的树种选择

树种的选择首先应遵从适应性、乡土性原则。广场的位置大多在城市中心或区域中心，车多，污染严重，选择适应性强的乡土树种，利于生长。其次考虑以乔木为主的原则。再次是选择病虫害少、污染少的树种。悬铃木树冠虽好，但产生的飞絮污染环境，尽量减少在城市中使用。然后是遵循速生树与慢生树结合的原则。最后是季相变化与多样性的原则。

3.植物的栽植搭配

植物景观是广场景观塑造的重要元素，根据植物的形态、生物学特征及观赏要求，应遵循以下原则。

（1）常绿、落叶相结合。华东地区冬日寒冷、夏季炎热，植物配置以冬日有阳光、夏季提供遮阴为主，常绿、落叶比例为（35%～40%）：（60%～65%）；广场要有舒适的环境温度才能满足人们户外休闲活动的要求。

（2）乔灌草结合的原则。考虑群落的相互共生关系，不同高度、不同大小的植物对当地生长环境，如阳光、水分等的要求是有差异的，不同层次的植物可以最大限度地利用自然界的能量，同时其产生的环境效益也是最大化的。

（3）季相变化的原则。植物随着时间的变化，既有空间的变化，又有季相的变化，不同品种在不同季节其形态也是各不相同的，要合理地将不同植物组合在一起。

4.纪念性广场与交通性广场的绿化特点

（1）纪念性广场，满足人们集会、联欢、瞻仰的需要。广场面积较大，为了保持场地的完整性，广场中央不宜设置绿地、花坛和树木，绿化设置在广场周边。采用规则式布局，营造一种庄严肃穆的环境。广场的功能趋向复合型，在不失去原有性质的前提下，可利用绿地划分出多层次的领域空间，为游人提供休息的空间环境。

（2）交通性广场，组织和疏导交通，设置绿化隔离带。通常由低矮的灌木、草坪组成，布局以规则式为主，图案设计简洁明快，适应驾驶员和乘客瞬间观景的视觉要求。在广场中央布置花坛装饰，因车速快不利于视线转换，不宜布置自由式绿化，以免造成不安全的感觉。

（二）地面铺装设计

城市广场有别于城市公园绿地的一个重要特征就是硬质景观较多，占50%左右。广场铺地的基本功能是为市民的户外活动提供场所，需要对形状（线形）、尺度、材料、色彩、肌理、功能等进行系统设计，以适应市民多种多样的活动需求。地面铺装设计形态常从以下两个方面考虑。

1. 以功能形态为主

以功能形态为主，如提供行走、休息、活动、观赏场地。行走地面铺装形式以引导人的流动方向为主，具有一定的导向性，常以条状、块状石块铺设；活动、观赏、休息区的地面铺装则考虑人们的活动需求，以平坦的图案方式铺设。

2. 以视觉形态为主

地面铺装主要考虑美观，以铺设图案为主，以整个广场或广场中某个空间为整体来进行图案设计。图案铺设简洁，重点区域稍加强调，便于统一广场的各要素和广场空间感。采用同一图案重复使用，有时可取得一定的艺术效果，但在面积较大的广场中亦会产生单调感，可适当插入其他图案。在一个广场中有多个不同的且过于复杂的图案，容易造成多个广场拼接组合的感觉而失去广场的凝聚性。

广场铺装具有功能性和装饰性的意义。功能上可以为人们提供舒适耐用的路面（耐磨、坚硬、防滑）。同时，不同的铺装形式也可以表现不同的风格和意义。常见的广场铺装图案有规则式和自由式。

（1）规则式：多为同心圆、方格网。

（2）自由式：活泼丰富，多为几何形、曲线形。

广场铺装材质并不是越高档效果越好，物美价廉、使用方便的材质通过图案和色彩的变化来界定空间的范围，会产生意想不到的效果。常见的材质有广场砖、花岗石（多为毛面）、玻璃马赛克、青石板、料石、青（红）砖材、木板、卵石、透水砖等。

（三）色彩设计

色彩是人类视觉审美的核心。一个有良好色彩处理的广场，将给人带来无限的欢快与愉悦。广场色彩不仅要与周边建筑、环境相协调，还要与城市的文化、地域特色息息相关。

广场的色彩要素有很多，如绿化、建筑、硬地铺设、水体、人物、雕塑、小品、灯饰、天空等。绿化以观赏为主，则要注意春季观花、秋季观叶色彩的搭配；以衬托背景为主的则以一种色调为主；纪念性广场中不能有过分强烈的色彩，否则会冲淡广场的严肃气氛；商业性广场及休闲娱乐性广场选用较为温暖而热烈的色调，可使广场产生活跃与热闹的气氛，加强广场的商业性和生活性；在空间层次处理上，下沉式广场采用暗色调，上升式广场采用较高明度与彩度的轻色调。

（四）水体设计

水体在广场空间中是人们观赏的重点，动静有声，可以映射周围的景物，成为引人注目的景观，流动的水体给人跳动、欢快的感觉，静止的水体使人安静、冥想。

广场水景多采用人工手法设置，如模拟自然界的瀑布、涌泉、喷泉、激流，以增添广场的情趣；或者结合声光电控制、雕塑，成为艺术品；甚至与广场上的活动相结合，体现出水景独特的魅力。水体在广场空间的设计中有以下3种。

（1）广场主题：以观赏水的各种姿态为主，其他一切设施均围绕水体展开。

（2）局部主题：水景是广场局部空间的主体。西安大雁塔音乐喷泉位于大雁塔北广场（见图5-4），东西宽218米，南北长346米，它是亚洲雕塑规模最大的广场，广场内有2个百米长的群雕、8组大型人物雕塑、40块地景浮雕。大雁塔喷泉水面面积达2万平方米，八级迭水池中的八级变频方阵是世界上最大的方阵。这套喷泉共设计有独立水型22种，其变频方阵（排山倒海水型）、莲花朵朵、百米变频喷泉、云海茫茫、海鸥展翅、蝶恋花、水火雾及60米高喷水柱等，都是我国推出的科技含量较高的新颖水型；60米宽、20余米高的大型激光水幕中4台喷泉从水里喷出，在6米高空充分燃烧低温爆开，增强了整个喷泉的夺人气魄。

图5-4 大雁塔音乐喷泉

（3）辅助、点缀作用：水景只是作为构成广场要素的内容之一，起到景观、联系、活动、休息的功能。

（五）景观小品设计

小品是广场中的活跃元素，同时也是体现广场主题、城市文化的灵魂。在满足功能要求的前提下，广场小品作为艺术品，具有审美价值。由于色彩、质感、肌理、尺度、造型等特点，合适的小品布置可使广场空间的趋向、层次更加明确和丰富，色彩更富于变化。广场小品分为：功能设施类小品，如座椅、凉亭、柱廊、时钟、电话、公厕、售货亭、垃圾箱、路灯、饮水器等；审美设施类小品，如雕塑、花池、喷泉等。

设计好的景观小品具有点缀、烘托、造景、活跃环境气氛等功能。景观小品设计的布局要从两个方面考虑：首先应满足功能要求，包括使用、交通、用地及景观要求等，还应与整体空间环境相协调，在选题、造型、位置、尺度、色彩上均要纳入广场环境；其次应符合不同广场性质，体现生活性、趣味性、观赏性，如市政、纪念广场景观小品在形式、色彩、造型上应稳重、肃穆、简洁、淡雅，而休闲、商业广场则不必追求庄重、严谨、对称的格调，可以寓乐于形，使人感到轻松、自然、愉快。

在广场空间环境中的众多景观小品中，照明和雕塑所占的分量越来越重。照明主要考虑夜晚广场上活动的人群及城市景观的亮化工程，在设计上要注意白天和夜晚街灯景观的不同特点，白天要考虑广场上的灯柱类似于建筑小品，在形态上要与周围环境协调一致；夜间则要考虑发光部的形态及灯光形成的连续性景观。

雕塑是供人们进行多方位视觉观赏的空间造型艺术。雕塑的形象是否能直接从背景中显露出来，进入人们的眼帘，直接影响人们的观赏效果。如果背景混杂或受到遮蔽，雕塑便失去了识别性和象征性。

三、城市广场景观设计实例

（一）北京五道口宇宙中心广场

项目地点：北京市海淀区成府路展春园西路路口

项目时间：2016 年

设计团队：张唐景观

该项目位于北京五道口宇宙中心商业中心前，作为广场改造项目，设计师发挥了极大的想象力，赋予了广场新的生命。广场景观元素并不复杂，旱喷、树阵及景观座椅，甚至可以说景观元素十分简洁，广场尽头的一组可以转动的喷泉圆盘成为广场景观的视觉中心和空间标识。圆盘转动一圈需50分钟，当转盘里的这组喷泉和树回到原来的位置时，旱喷泉水开始持续10分钟的涌动，然后继续下一个50分钟的转动。时间的度量结合在空间设计上，产生仪式化的效果。设计师巧妙地将"时间"要素融入设计中，产生景观的"时空通感"，让参与其中的人体验景观的动感，感知时间的流动，感悟生活的仪式感（见图5-5、图5-6）。

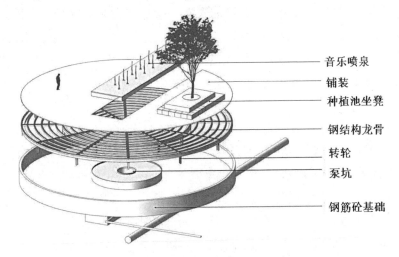

音乐喷泉
铺装
种植池坐凳
钢结构龙骨
转轮
泵坑
钢筋砼基础

图5-5　转盘旱喷设计图

图5-6　五道口宇宙中心实景图

（二）爱悦广场

项目地点：波特兰市

项目时间：20 世纪 60 年代

设计师：劳伦斯·哈普林

"在任何既定的背景环境中，自然、文化和审美要素都具有历史必然性，设计者必须充分认识它们，然后才能以之为基础决定此环境中该发生些什么"①。

——劳伦斯·哈普林

爱悦广场是哈普林在 20 世纪 60 年代为波特兰市设计的一组广场和绿地的第一站，就如同广场名称的含义，这是为公众参与而设计的一个活泼而令人振奋的中心，广场被商店住宅及办公楼包围，是人们活动的主要聚集区。使用者在进入广场的瞬间即可直接接触广场的主题部分，设计简洁并且对土地利用更加完整。

劳伦斯·哈普林在各式各样的自然素材中，选择了唾手可得的自然趣味，将真实的自然等高线简化，营造出整体起伏的空间地形。广场中的小型瀑布是整个广场的主体，哈普林模拟加州席尔拉山山间溪流的水流形态，形成动态、活跃的瀑布水流轨迹。

整个广场最大的特点在于一切的构想都将大自然的过程具体化，让自然的力量穿梭其中，远远不止于广场本身的形状。爱悦喷泉处水流从石缝中喷射出来，形成一段神奇美妙的弧线，然后展开，恢复成平面，直至静止。整个过程参观者与景观融合在一起，当人们意识到自己既是演员又是观众时，这样的融合会使他们异常兴奋。这个空间可以让人经历到少有的爆发和寂静的双重感觉，可使人在徒步游览时达到观景高潮（见图 5-7）。

图 5-7　爱悦广场实景图

---

① 转引自孙青丽、李抒音主编《景观设计概论》，南开大学出版社 2016 年版，第 2000 页。

第二节　城市道路景观设计

一、城市道路的特点

（一）城市道路的景观特点

城市道路景观是视觉的艺术。视觉不仅使人们能够认识外界物体的大小，而且可以判断物体的形状、颜色、位置和运动情况。视觉可使人们获得 80% 以上的周围环境信息。

城市道路景观是动态的系统，即动态的视觉艺术，"动"既是特点，也是魅力所在。城市道路景观设计，应着重于观察者在运动条件下，通过在道路上有方向性和连续性的活动中所观察的道路景观印象。

城市道路景观化就是行人或人们在搭乘交通工具运动过程中所看到的街景（步行、低速、快速等交通形式），也就是行人、驾驶交通工具的人及乘客视觉中的道路环境的四维空间形象。

（二）城市用路者的行为特点

城市用路者都是在运动中观察道路及环境的。由于出行方式、出行目的不同，在道路上有不同的行为特性和视觉特性。

1. 步行人群

上班、上学、办事的人员，行程上往往受到时间的限制，较少有时间在道路上停留：他们有时间感，来去匆匆，思想集中在"行"上，以较快的步行速度沿街道的一侧行进，争取尽快到达目的地。他们注意的是道路的拥挤情况、步道的平整、街道的整洁、过街的安全等，除此之外，只有一些特殊的变化或吸引人的东西，才能引起他们的关注。

购物步行者一般带有较明确的目的性，他们关注商店的橱窗和招牌，有时为购买商品而在街道两边来回穿越（过街）。

游览观光的行人，游街、逛景，观看熙熙攘攘的人群，注意街上其他人的衣着、店面橱窗、街头小品、漂亮的建筑等。

2. 骑行人群

骑车者每次出行大多带有一定的目的性，或赶路或购物或娱乐。自

147

行车在城市道路交通条件下，平均车速为 10～19 千米/时。特别是上下班的骑车者，多处于车如流水之中，一般目光注意道路前方 20～40 米的地方，思想上关心着骑车的安全，偶尔看看两侧的景物，并注意自己的目的地。

3. 机动车的使用者

机动车的使用者除司机外还有乘客，尤其是坐在窗边的乘客和外地来的乘客，更注重对城市街景的欣赏，特别是外地乘客更希望利用公交看到更多的城市风光，要求设计人员用大尺度来考虑时间、空间变化，同时环境中也需要有特殊的、吸引人的景观。城市快速道路减少了人们的距离感，并且将相距较远的建筑物的印象串成一体，形成车窗景观。

不同用路者的视觉特性也是进行道路景观设计的重要依据。在各种不同性质的道路上，要选择一种主要用路者的视觉特性作为设计依据。例如步行街、商业街行人多，应以步行者的视觉要求为主；有大量自行车交通的路段，景观设计要注意骑车者的视觉特点；交通干道、快速路通行机动车，车速高达 50～80 千米/时，这种有方向性、连续性的视觉活动，要求城市景观道路街区的设计添加时间与速度的概念。景观的尺度需要扩大，建筑细部的尺寸要扩大，绿化方式需要改变，而且速度越快这种变化就越大。

二、城市道路景观设计要点

（一）城市道路景观构成的要素

1. 基础要素

构成城市道路景观的要素多种多样，其数量与种类上的多样性构成了道路景观的特色。根据各要素的特点，城市道路景观的构成要素大致归纳为道路本体、道路植栽、道路附属、道路活动媒介、远景等。其中，道路本体、道路植栽、道路附属是构成城市道路景观比较重要的要素。

（1）道路本体。道路本体是指道路路面部分，包括路面的线形形式、道路结构、铺装等，是道路形象最基本的构成部分。

（2）道路植栽。道路植栽是指道路的绿化种植形式，包括行道树、灌木隔离带、树池等。

（3）道路附属。道路附属是指依附于道路的相关部分，包括沿街的建筑物、桥梁（天桥）、视觉标识（交通标志、广告牌）、照明、行人使用设施（车站、座椅、路障等）、停车场地，以及邻近的广场和街心公园等。

从地方的特性、道路的规格和使用方法等方面综合考虑，道路自身的特征是创造个性的前提。以一般市民使用道路的印象为依据，城市道路大致可划分为大道、繁华街、大街、后街、小巷（小路）、特殊道路六种类型（见表5-2）。

表5-2　城市道路的景观类型及主要特征一览表

序号	景观类型		道路特征
1	大道（城市标志性道路）		代表城市形象，格调高，如市政府前大道、站前大道等
2	繁华街（较为喧闹的道路）		人流集中、环境较为喧闹、街道气氛比较轻松，如商业步行街
3	大街		人流、车流量大，为城市的交通干道
4	后街		人流量小，与居民生活密切，生活特征明显
5	小巷		非公用道路，是私人使用或公私共用的场所
6	特殊道路	滨河道路	两侧不都是建筑，其中一侧开敞，道路形式不平衡，与自然环境中的水体、植物结合密切
		公园道路	
		散步小道	

注：其中1～3是指城市的主要道路。

在进行城市道路景观设计时，首先应当明确道路的类型，其次是根据道路的设计要素，设计其个性化特征。不同的道路类型有不同的设计思想，如在设计反映城市形象的标志性大道景观时，应该将其作为城市"客厅"，避免出现过多体现生活细节的设施小品，这样可以看到真正的城市景观形象。而在小街、小巷这些能体现生活场景的地方，尽可能地展现自然朴素的韵味，给人以亲切感。

2. 空间构成要素

道路空间中的基本尺度关系是形成比例和谐、舒适连贯的道路空间轮廓景观的重要元素。

（1）路幅宽度。从道路空间的特征出发，主干道、中央大街都是比较宽阔的大街。这些道路不仅路幅宽，而且配置了复数列的行道树，并设有人行道，沿街建筑物风格统一，道路景观变化突出。而后街、小街等生活气息浓厚的道路都是以步行道为主，道路幅宽则比较狭窄。研究表明，幅宽在 10～20 米的街道，沿街的景观相互连接，对步行者来说是有围合感和亲密感的空间。

（2）道路幅宽与沿街建筑高度。有关研究得出，道路幅宽与沿街建筑的高差之比（D/H）是保证道路空间的均衡、开放感和围合感的重要指标。D 与 H 的比值越小，道路的封闭感就越强；反之，则开放感越强。当 D/H≥4 时，道路完全没有围合感；D/H=1～3 时，道路有围合感；D/H=1～1.5 时，道路有封闭感。在西欧一些中世纪的老城区里，高楼围合成的狭窄的道路与散置在其间的开放广场有机地结合在一起，给人以变化丰富的序列感，D/H 一般在 0.5 左右。

（3）路面景观铺装。路面是人们步行与车辆通行的行为场所，所具有的视觉效果能给人们带来视觉上的舒适性，并赋予街道景观整体的特征。一般来说，除了需要特殊强调的道路，路面应当给人质朴、安静的感觉。铺装材料必须选择具备一定的强度与耐久性、施工相对方便的材料。由图案、尺度、色彩、质感不同的各类铺装材料组合形成的路面，外观形象能够引导人们的活动方向，增加特定的场所感，同时具备鲜明的个性和潜在的艺术形象。

（二）城市道路景观的个性创造

城市道路景观的个性是指在地域风土上积累起来的固有文化、历史、生活的表现。通过道路景观往往能使人深切感受到当地所蕴藏的文化和历史，看到城市整体景观印象。

城市道路景观个性表现在用地特性、道路本身和城市生活三大方面。这些素材与场所相联系，充分发挥特质，便能形成创造性的道路景观。

1. 用地特性的个性表现

道路与山体、水体的位置关系，是反映道路景观个性最好的素材，可以作为街道景观的主题。通过对大自然景观的借景，使其成为城市的标志。

在道路方向没有制约的情况下，一般采用道路正对山体，由沿街建筑和林荫树形成轴线的构图手法，或者沿街设置小型公园、广场等开敞空间，以供远眺山景之用。

2. 道路本身的个性表现

道路的几何构造特征、街道小品、铺装材料及行道树栽种等，都可以表现道路景观的个性特征。在几何构造的街道中，一般采用强调视觉效果的表现手法。在强调道路凹型纵断面的特殊感受时，考虑在轴线焦点设置视线停留处，或者统一沿街建筑物的高度，或者以绿化街道加强道路的边缘感。街道小品和铺装的材质及栏杆中铸铁的使用要注意结合地域特征，避免程式化。道路两边种植具有地域特点的树木和花草，不仅能体现城市特色，也可以形成街道的特色。例如南方城市多种植榕树、椰树，在强调城市主要道路交通特征的同时，也彰显出南国风情。

3. 城市生活的个性表现

道路景观的创造与人类城市生活的特点息息相关。在传统的自由市场，可以创建具有乡土氛围的道路；在时尚的商业街区，道路可以与休息空间、小型公园、开敞空间结合，进行一体化设计；在居民生活使用的小街小巷中，道路景观可以融入当地住户的街道生活，保留一些民俗特征。

（三）城市道路空间的视觉效果营造

一般来说，直线道路视线良好，通过道路的轴线设置标志性的构筑物达到视觉上的对景，道路空间相对完整协调；曲线道路比较容易与自然地形结合，通过增加一些通透感和视线的引导感，沿道路前行会产生丰富的景观变化；折线道路视线缺少开放感，但是弯道的景观变化明显，设置一些标志性建筑物，形成戏剧性和连续性的景观效果。为了有效地利用城市的现有土地，经常采用的办法是高架、半地下、地下等立体构造形式。在道路、河川、运河、建筑物及公园的上空架设道路时，应当注意出入口的景观设计与周围环境相结合。

（四）城市道路景观界面

现代城市道路设计首先应和城市发展的规划理念与思路相结合，应充分考虑城市规模、区位特点、人口数量与分布、经济发展水平等因素。

大型城市和中、小型城市在道路空间的设计要求上是不同的。因此，城市中不同的主干道、次干道、步行街的空间及景观界面也是有不同的功能要求和视觉感受的。

1. 道路中的建筑界面

　　建筑是道路景观界面中最重要的因素之一。它不仅是围合道路空间的界面，而且影响着整条道路的视觉景观形象。日本建筑师芦原义信曾写道："街道按意大利人的构思两旁必须排满建筑形成封闭空间。就像一口牙齿一样由于连续性和韵律而形成美丽的街道。"[①] 可见，建筑是城市道路景观界面的主体。道路两侧的建筑形态决定了街道景观的主体风格，如欧洲古典风格的法国香榭丽舍大道（见图 5-8）、具有现代风格的美国曼哈顿时代广场大街、具有浓郁中国风格的北京长安街。

图 5-8　法国香榭丽舍大道

　　建筑的风格取决于它的造型、形态、色彩、材质、装饰手法等因素，相同或相近风格的建筑造型较容易形成统一的道路景观，而连续且统一风格的建筑更强化了道路景观界面（见图 5-9）。

图 5-9　上海南京路

① ［日］芦原义信:《街道的美学》，尹培桐译，百花文艺出版社 2006 年版，第 41 页。

科学技术的进步，极大地促进了建筑设计的发展。各种造型、各种风格、各种功能的建筑应运而生，它们所表现出的界面各不相同，很难像传统建筑那样具有较统一的形式美感。尽管如此，现代城市道路两侧建筑形态的多样性、个性化正好符合了现代人们的生活价值观和审美追求。

道路是一种廊道和线性的空间，而建筑物不仅仅是作为个体而存在，它应该在整条道路中通过形态构成的相关要素来求得和谐与统一。中国传统建筑和西方古典建筑都在形式与风格的统一上做得比较完美，如山西平遥的历史街区（见图 5-10）、清代风格的南京夫子庙商业街和民国建筑风格的南京 1912 休闲街区、云南丽江的历史街区（见图 5-11）等，都表现出浓郁的传统文化和地域性风格特点。意大利佛罗伦萨的街道（见图 5-12），同样也表现出西方古典主义建筑风格和传统文化的特色。

图 5-10　平遥古城街道

图 5-11　丽江古城街道

图 5-12　佛罗伦萨街道

在现代城市环境中，传统街道与现代景观道路并存，不同交通条件下的道路两侧建筑物界面设计要求是不同的。例如，城市中宽敞的快速机动车道或景观大道两侧的建筑物一般体量较大，人的视线较开阔，道路两侧建筑的风格、形态及轮廓线、节奏感能给人一种强烈的视觉感受。因此，道路两侧地标性建筑的设计显得格外重要，道路中的标志性建筑形象鲜明，能成为此道路景观的高潮和特色。面对这种类型的道路景观，建筑物的尺度应与道路相和谐，可采用双重尺度。在道路上运动的汽车中，人的视觉所看到的是建筑物的上部形态，而在道路两侧步行道行走的人群，更多看到的是建筑物的底层，采用双重尺度的设计手法可解决道路景观某些段落形式单调的问题。

2. 道路路面界面

道路路面界面是道路景观的组成部分。道路路面铺装所采用的形式、材质、色彩、装饰图形等对道路景观特色的形成有着重要的作用。道路路面的设计首先要满足使用功能的要求，这包括气候条件和地质条件的要求。路面的材料必须牢固、耐久、防滑、美观，同时也要关注人们的心理需求和视觉审美的要求。道路路面界面的形态设计应该与建筑环境的整体风格相协调，从而起到弥补和强化环境气氛的作用。

城市中不同道路的功能决定了道路界面的设计。快速机动车道和非机动车道一般都是由柏油沥青铺设，路面变化不大。但有些城市为了强调某股机动车道的特殊功能要求，会专门对这股车道进行色彩装饰或进行文字和标志的说明。例如，为了保证城市公共交通运行的畅通与高效，在机动车道路中专门设置公交专用道，并用色彩进行标注。城市道路路面变化最多的是人行道和步行街路面，人们几乎每天都会和它们接触，它们对人的影响也最直接。

3.道路绿化界面

道路绿化界面是城市道路景观的构成要素之一。城市道路绿地是城市绿地系统的网络骨架，它不仅可使城市的绿色空间得以延续，还能有效地改善城市的生态环境，减少环境污染，降声减噪、遮阴、降温，具有调节城市微气候等功能。道路绿化除可以增添城市景观效果外，还可以通过不同的设计，创造出道路景观的不同视觉效果，同时可利用绿地或植物分隔和组织交通，从而增加城市道路的可识别性。

随着城市交通的发展和功能的不断完善，城市道路从过去单一的平面型向立体型发展，过街天桥、地下通道、高架快速通道在现代城市中随处可见。城市道路绿化从地面向空中发展，垂直绿化成为城市道路新的景观形式，有的和建筑物浑然一体，有的和立交桥紧密结合。垂直绿化极大地丰富了道路绿化界面的内容，增加了道路景观的连续性和多样性。一个城市的景观，除取决于人造构筑物外，自然环境的保护与完善、城市道路绿化的成果也起到了重要的作用。例如，著名旅游城市新加坡，市区的主要道路均为林荫大道，行道树排列整齐，浓荫蔽日，街道成为城市中的绿色走廊。

三、城市道路景观设计实例

（一）Morgan Court（摩根短街）景观设计

项目地点：维多利亚，格伦罗伊

项目时间：2012—2014 年

设计师：Enlucas（恩卢卡斯）

项目涵盖从格伦罗伊路到连接着帕斯科·维尔路的人行通道的整个范围。与社区及利益相关方的沟通是摩根短街设计方案的关键所在。在项目开始前，恩卢卡斯团队便深入当地充分咨询，在沟通的过程中，人们的关注点也发生了改变。摩根短街的振兴一方面是为了商贩和社区，通过对该商业区进行整体而有效的规划，从而增强摩根短街的社区价值；另一方面，通过整合设施和增加艺术活动的方式来使社区恢复活力，吸引更多人前来参观游玩（见图 5-13）。

图 5-13　Morgan Court（摩根短街）的局部设计

　　该项目的目标是将摩根短街打造成一个真正意义上的公共街道，故而在设计的时候优先考虑行人，营造一系列小空间增加场地的活力，场地中设计了一些简单而又大胆的设施如嵌入照明设施和电力的座位壁，加强游客与夜间景点的互动，使摩根短街从一个仅在白天使用的场所转变为一个在夜晚也能聚集行人、全天活跃的更有价值的购物区域。同时这些设施也能吸引一些艺术活动如展览、表演等，使整个空间重新散发活力。

　　在材料上，运用了二种定制的混凝土和钢块作为基本单元，通过这些基本材料的组合安排，形成各种弯曲而统一的流线空间，同时这些材料可以通过大规模生产降低成本（见图 5-14）。

图 5-14　Morgan Court（摩根短街）实景图

（二）比利时圣尼古拉街道景观改造

项目地点：比利时圣尼古拉

项目时间：2013 年

设计师：Kristoff（克里斯托夫）

圣尼古拉街道是圣尼古拉城市中心的商业街，它位于格罗特市场和火车站之间的中轴线上。为了改善交通状况和提高居民生活质量，材质的选用、绿化区的设计、旧地块的改造成为本次街道景观设计的重点。

此次街道景观设计的定位是将圣尼古拉街道改造成为城市中心购物区的中心骨干，使这条街道成为城市绿色购物廊道。这条看似简单的街道却包含停车区、装卸区、绿化区、广场和台阶、街道设施等功能，为了更合理地利用空间，设计师对街道线路进行了精心设计，更多的空间被用于绿化种植，包括一些地下空间，设计满足了植物必要的通风、灌溉和排水的最佳生长条件；街道中心三个水景设施也成为车道主线的一部分，形成了活动节点；街道的铺地采用精心挑选的四色花岗岩混合材质与青砖搭配，这样使用者会有较好的舒适度。

该项目的灯光设计也颇有心思，功能性照明为场地提供了足够的光线和安全感。此外，装饰照明的设计提供了街道所需的氛围，它们被巧妙地融入休息长凳、露台广场和三个水景设施中（见图 5-15、图 5-16）。

图 5-15　圣尼古拉街道灯光设计

图 5-16　圣尼古拉街道水景设计

第三节　城市公园景观设计

一、城市公园景观设计分析

（一）城市公园建设的总体发展方向及设计目标

城市公园建设的发展方向和设计目标的确立，是其他一切具体工作的前提和基点。

1. 发展方向

对在城市发展中更新建设的城市公园来讲，除要在体制、机制、观念上进行变革与创新外，挖掘、修复历史文化景点和自然资源尤为重要，悠久而深厚的历史文化积淀是很多城市公园建设可依托的优势所在，只有同时拥有深厚的文化积淀和鲜明的主题特色，不断地推陈出新，向独具特色的、有一定文化内涵的城市公园方向发展，才能继续发挥其强大的生命力。

2. 设计目标

在城市更新中，公园的建设要解放思想，辩证地解决建设中历史与现代、开发与保护、新与旧之间的矛盾，力争做到"保古创新""古为今用"，最终达到旧貌变新颜的目标。

要实现此目标需做到以下 4 点。

（1）时代性。公园的建设能够反映当今社会环境下的科技、文化特点，体现现代人的审美需求和心理需求。

（2）独特性。城市公园规划设计的目标不是盲目地"赶时髦"，而是通过独特的创意、新颖的技术，多元、多层次地反映城市公园在现代社会的个性和特点。

（3）文脉性。城市公园的规划设计要充分发掘和表现与公园相关联的文化渊源、历史文脉、风土人情、民俗精华等人文资源，切忌盲目跟风。

（4）地域性。每个城市都有着各自的人文资源和自然风貌，城市公园特色的形成和公园内部的地形地貌、植被状况、水文特点有着密切的关系，充分利用这些自然资源不仅能保持城市的原有风貌，而且通过和其他构成要素的结合，可以强化公园的地域性特色。

（二）公园景观设计的考虑因素

1. 自然因素

在城市公园景观设计中，首先要考虑其自然因素，如气候条件、地理条件、植被条件等。

（1）气候条件。气候条件包括气温、湿度、日照、降水量等因素。由于季节的变化，这些自然因素都会影响到自然生态，从而影响公园的景观设计。例如，公园建筑物的选址、户外场地的使用、水文的状况，以及植物品种的选择和搭配等。

（2）地理条件。城市公园的地形地貌是全面具体地实现公园景观设计理念的基础条件。城市公园的规划要充分尊重和保护基地原有的地形和物质形式，因势利导地进行布局规划，只有充分利用自然山水景观资源，才能创造出和城市整体环境有机协调的生态环境，如上野公园是日本最大的公园，面积达 52.5 万平方米。上野公园充分利用场地的特点，以场内现存多处名胜古迹为节点，建有国立科学博物馆、国立西洋美术馆、东京都美术馆及上野动物园林等（见图 5-17）。该公园中的老树、高台、庙堂与漆黑色调的馆舍、鲜艳的纸灯笼融合着江户和东京的特色，展示出日本古代和现代的多种风格。

图 5-17　上野公园

（3）植被条件。每一种植物都有其特性，其形状、外观、色彩、质感都是公园景观设计的造型元素。设计师只有将设计理念和实际的视觉效果结合起来，才能真正设计出可持续发展的生态城市公园。

斯坦利公园在加拿大温哥华市区，是世界著名的公园之一，也是北美地区最大的城市公园。公园占地面积 400 多万平方米，几乎占据了整个温哥华市北端，北临巴拉德湾，西临英国湾。公园的人工景物极少，以红杉等针叶树木为主的原始森林是公园最知名的美景。森林草地、簇簇群山、碧水蓝天、船帆桅杆构成了一幅穷极伟丽的画卷（见图 5-18）。当地人以这种超前的重视人类居住环境的意识，完好地保留了这片净土，并时时呵护着这座城市的巨大绿肺，成为温哥华市民享受大自然、亲近大自然的快乐之地。

图 5-18　斯坦利公园

2. 人文资源因素

无论是大众化的城市公园还是主题公园，都会以某种传统文化作为主题进行景观形态的创意设计。这种人文资源包含传统文化中的精髓、地域中的历史故事与遗迹，以及本民族的文化、生活形态与民族风情等。在城市公园设计中，人文资源的引入不仅可以满足人们休闲娱乐的需求，还可以满足人们的精神需求。人文资源的保护与挖掘对城市公园的发展相当重要。

在加拿大斯坦利公园东部的一个三角形绿丛林前，有几根形状大小不一的印第安木刻图腾柱，这不仅体现了印第安人的文化艺术，同时也为公园增添了一处历史文化景观。这些图腾柱用整根雪杉木刻制而成，在柱子的四周用刀刻画了许多抽象的动物、人物和文字，刀法粗犷、色彩大胆，给人一种神圣庄严之感，反映了当地印第安人的文化和信仰。色彩艳丽、雄浑丰厚的刻画，栩栩如生地为人们讲述着印第安人的故事，并使人们感受到了印第安人文化的深刻内涵。时常可以看到穿着红色马甲，上身佩戴许多装饰件，头上插着鹰羽，脸上涂着一道道红印，脚上穿着兽皮软鞋，边缘装饰着流苏、珠绣的印第安人在周围徘徊。

3. 社会因素

经济与科技的发展对城市公园的建设有着直接的影响，将科学技术运用到公园旅游项目的开发中，可以极大地丰富公园的娱乐活动，增强游客的参与性。

将电子高科技应用于主题公园的建设成为一种发展趋势。这些技术的运用将对旅游业产生革命性的影响，公园的娱乐活动也由原来的被动参观变为游客主动参与。例如，有的主题公园采用声、光、电等技术模仿大自然的各种现象，将科普宣传和游玩相结合；有些主题公园设有能供游客参与的大型娱乐设施，如过山车、摩天轮、水滑梯、蹦极等项目。

（三）公园景观空间组合序列

1. 公园景观空间的发端

景观空间的发端是公园景观空间组合序列的开始，也就是园林设计中的起景。在公园景观设计中，起景就好像拉开了序幕，吸引游览者的注意力，使游览者对后续景观空间产生期待。景观的起景主要有点、线、面三种形式。

"点"起景是指景观空间的起景以"点"的形态作为空间序列的开始，如运用堆砌假山造景、水池造景、花坛造景的表现手法。

"线"起景是指景观空间通过"线"的形态作为空间序列的开始，通过线性空间的延伸引导游客的视线与走向。

"面"起景是指景观空间由一个基面展开，这是城市公园常用的景观空间起点序列展开形式，它往往以公园入口广场的形式出现。

2. 公园景观空间的延伸

大多数公园由起景空间开始延伸达到高潮，往往采用一种诱导型、延续性的线索来贯穿不同性质的景观空间，以形成一种迂回曲折、时隐时现、虚实相间的空间序列构成形式，它和中国古典园林空间的构成形式极为相似。

3. 公园主体景观的营造

公园主体景观的起景，经过空间序列的延伸铺垫后，由序曲进入高潮，并设置后景作为反衬，形成空间的收景。公园主体景观是点睛之笔，往往构成公园的主题或成为游客心目中向往的去处。

4. 公园空间景观的收合

公园空间景观的收合既是前一个景观空间序列的结束，又是下一个景观空间序列的开始，游人可以通过空间环境的引导，去迎接下一个环境高潮的到来。每个完整的景观序列都包含序幕、兴奋、高潮、松弛这四个渐进的阶段，科学合理地组织空间，形成具有节奏性、韵律感的空间序列，是公园在空间组合中引导游人获得最佳游园效果的重要手段。

（四）公园道路的空间设计

公园道路是公园规划设计中不可缺少的构成要素，是公园的骨架。公园道路的规划布置，往往反映了公园的面貌和风格。中国城市中的绝大多数公园的规划设计具有古典园林的风格，园路讲究峰回路转、曲折迂回（见图 5-19）。

图 5-19　苏州园林道路

公园道路的功能和城市道路的功能不同之处在于，除用于组织交通、运输外，还有其景观上的要求。园区道路规划要满足游览线路的需要，连接不同的景点空间，提供休憩空间。由于园区道路的特殊性，园区道路铺装在满足使用功能的同时也成为观赏对象，铺装中所选用的材料、拼合形式，以及图案中所表现的内容都具有较高的美学价值。

公园道路一般分为主要道路、次要道路、林荫道和休闲小道。不同类型的道路由于使用功能的不同，道路尺度都有明确的规定。园区道路的设置应符合整个公园的规划要求，所有的道路都应与园区空间的完整性相协调，公园的休闲小道更要满足游客休闲散步的需要。例如，加拿大斯坦利公园的环岛道路是游人散步和自行车爱好者的天堂（见图5-20），在两侧景色优美的道路上，还时常可见轮滑好手的身姿。公园在道路设计上应充分考虑到游客行走与运动的不同要求，将公园的道路分为自行车专用道路、轮滑专用道路、游人散步专用道路，这些道路功能的不同划分，满足了不同行为人的需求，并保证了他们的安全。

图 5-20　斯坦利公园的环岛道路

二、城市公园景观营造

（一）城市公园规划设计的基本原则

1. 功能性原则

城市公园的规划设计首先要满足人们的使用要求。在城市公园绿地的规划布局中，应根据合理的服务半径，将不同种类的公园绿地均匀地分布于城市中适当的位置，尽可能避免公园绿地服务盲区的存在。在具体的公园规划设计中，应深入调查公园使用者的审美要求、活动规律、功能要求等方面的内容，不同的功能区域采用不同的设计方法，具体在空间划分活动项目的设置及建筑小品的布置等方面都应结合心理学、行为学和人体工程学的原理，将以人为本的理念贯穿设计的整个过程。例如，老人活动区要求环境幽雅宁静，空气清新，适合老人休息及活动；儿童活动区要求交通便捷，造型新颖，色彩鲜艳，形成充满活力、欢快的环境气氛。

2. 生态性原则

为了更好地发挥城市公园的生态效益，在规划中将大小不同的公园分布于城市，同时以绿带或绿廊的形式将其连成一体。在具体的公园绿地规划中，尽可能提高公园绿地的三维绿量，以乡土树种为主，并根据生态位、群落生境等特征，遵循生物多样性和景观多样性的原则，形成合理的乔、灌、草复层种植结构和生态型的植物造景系统。

3. 审美性原则

审美性原则在公园设计中占据着重要的地位。公园设计强化了景观空间的性格、意境和气氛，使不同类型的景观空间更具艺术感染力，满足人们的审美需求。一些有特殊意义的公园应对其地方文脉、场所精神、文化内涵等进行探索，创意要新颖、构思要独特，体现大众审美情趣和独特的人文内涵，并巧妙组织空间形式。

（二）城市公园规划设计的程序及内容

1. 城市公园规划设计的程序

（1）规划范围划定。了解规划设计任务及相关审批、投资额等文件。

（2）工作计划的确定。

（3）基础资料的搜集。

①城市的历史沿革、总体发展模式。

②公园所处城市的地理位置、面积、土地利用情况、交通状况。

③公园服务范围、对象、特征。

④公园所处区位的自然环境、人文资源。

⑤社会调查与公众意见。

（4）公园现状资料调查。

①公园自然环境调查包括基地气象、地形、植被、水体、生物、土壤等。

②公园人文条件调查包括基地历史文化背景、社会习俗、文化礼仪、居民生活习惯等。

③公园公众参与和民意调查，了解公众的实际需求。

（5）公园规划标准、原则确定。

①对公园的现状及相关资料研究分析，得出公园规划的原则与定位。

②拟定公园总体设计任务书，研究公园规划的定性、定量标准与指标，确定规模大小、设施内容、设施容量、服务半径、人均使用面积等。

（6）总体规划方案的拟订。

①总体规划设计方案。

②公园的分期建设安排。

③公园的投资预算。

④公园对环境的影响等。

（7）规划详细设计。

①经审批同意后，对各地段及各个局部进行详细设计，包括建筑、道路、地形、水体、植物配置设计等。

②局部详图，包括景观工程技术设计、节点构造、建筑结构设计等。

（8）编制预算及文字说明。

（9）规划实施。规划方案在实施过程中需根据现场实际情况，对方案进行调整、改进与现场设计。

（10）实施后的评价与改进。

2. 城市公园规划设计的内容

（1）公园基础资料分析。

①公园所在城市及区域的历史沿革、城市总体规划、经济发展计划、

社会发展计划、产业发展计划、城市环境质量等。

②公园区位分析，在城市中与周边用地关系分析、周围城市景观条件分析，包括建筑形体、色彩、体量等。

③公园周围交通条件分析，附近道路交通、停车场分布、车流及人流集散方向等。

④公园服务范围内居民分布、人口结构、主要人流方向等情况。

⑤公园用地的历史沿革，现有古迹的数量、类型、分布及保护情况等。

（2）公园现状资料分析。

①气象条件：年最高、最低及平均气温、湿度、风向与风速、光照、降水量、晴雨天数及大气污染天数等。

②植被状况：现有植物群落组成，古树、大树的品种、数量、分布、姿态及观赏价值等。

③地形、地质及土壤状况：地基承载力、地形类型、倾斜度、起伏度、地貌特点、土壤种类、土壤侵蚀等。

④水文状况：现有水面及水系的范围，水底标高，河床情况，常年水位、最高及最低水位，历史上最高水位标高，水流的方向、水质及岸线情况，地下水的常水位及最高、最低水位的标高，地下水的水质情况。

⑤建筑状况：现有建筑物和构筑物的位置、面积、空间形体、建筑风格、用途及使用状况等。

⑥市政管线：公园内及公园外围现有地上地下管线的种类、走向、管径、埋置深度、标高和标杆的位置高度。

（3）编制总体设计任务书。

①综合前期资料分析，结合甲方设计任务书的要求，确定出公园总体规划设计的原则和目标。

②编制公园总体设计任务书，包括公园设计定位、公园规模大小、游人容量、设施内容、各设施规模大小、公园建设投资预算、设计工作进度安排等。

（4）公园总体规划设计。确定整个公园的总体规划布局，对公园的各部分做全面的安排。常用的图纸比例为 1∶1000 或 1∶2000。

①公园的定位、立意与构思。确定公园在城市景观环境中的角色定位，提炼与表达设计师设计意图和基本观点。

②公园与周边环境关系的处理。考虑公园用地内外分隔的处理，与

周围环境障景、借景的分析与设计处理。

③出入口位置的确定。合理确定公园主要入口、次要入口及专门入口的位置，并结合入口环境合理布置机动车停车场、自行车停车棚等。

a. 主要入口的位置一般与城市主要干道、游人主要来源方向及公园功能分区、地形特点等全面衡量，综合确定。

b. 次要入口一般为方便游人，在公园四周的不同方向设定。

c. 专门入口一般为完善服务，方便管理和生产，设在公园偏僻处或管理用房附近。

④公园功能分区规划。结合不同年龄、不同爱好的游人游园的目的和要求，综合对不同功能的场地进行分区规划。公园规划中常见的功能分区包括文化娱乐区、观赏游览区、安静休息区、儿童活动区、老人活动区、体育活动区及公园管理区。

⑤景区划分。根据不同景点确定不同的景区内容与位置。

⑥公园景观水系的规划。公园景观水系的规划包括水系空间规划，水底标高、水面标高的控制，水中构筑物的设置。

⑦公园道路、广场及游览线路的组织。

⑧规划设计公园的艺术布局，安排平面及立面的构图中心和景点，组织景观视线和景观空间。

⑨竖向设计、地形处理，估计填挖土方的数量、运土方向和距离，进行土方平衡。

⑩园林工程设计。园林工程设计包括护坡、驳岸、挡土墙、围墙、水塔、水中构筑物、厕所、变电站、雨污排水、消防用水、灌溉和生活用水、电力线、照明线、广播通信线路等管网的布置。

⑪植物群落的规划布局。植物群落的规划布局包括树种种植规划、估算树种规格与数量。

⑫公园规划设计说明。公园规划设计说明包括土地使用平衡表、工程量计算、造价预算、分期建园计划等。

（5）公园详细规划设计。在公园总体规划设计的基础上，对公园的各个地段及各项工程设施进行详细的设计，常用的图纸比例为1：500或1：200。

①出入口设计：主要出入口、次要入口和专业出入口的设计。出入

口设计包括入口建筑、内外集散广场、服务设施、园林小品、绿化种植、市政管线、汽车停车场和自行车停车棚等。

②各功能区的设计。各功能区的设计包括各分区的景观建筑、场地设计、活动设施、道路广场、植被绿化、山石水体、管线、照明、构筑物等。

③道路交通设计。道路交通设计包括园内道路的走向、纵横断面、宽度、路面材料及做法、道路长度及坡度、曲线及转弯半径、行道树配置、道路景观视线等。

④园林景观建筑初步设计方案。园林景观建筑初步设计方案包括平面、立面、剖面、主要尺寸、标高、结构形式、建筑材料、主要设备等。

⑤管线综合设计。管线综合设计包括各种管线的规格、尺寸、埋置深度、标高、坐标、长度、坡度、形式、高度,水表、电表位置,变电或配电间、广播喇叭位置,室外照明方式和照明位置、消防栓位置等。

⑥地面排水的设计。地面排水的设计包括分水线、汇水线、汇水面积、明沟或暗管的大小、线路走向、进水口和出水口位置。

⑦土山、石山设计。土山、石山设计包括平面位置、面积、坐标、等高线、标高、立面、立体轮廓、叠石和艺术造型。

⑧水体设计。水体设计包括河湖水系范围、形状、水底的土质处理、水面控制标高、岸线处理。

⑨景观建筑小品设计。景观建筑小品设计包括平面、立面、空间造型等。

⑩园林植被设计。园林植被设计包括品种、位置、确定乔木和灌木的种植方式、草地的面积和范围等。

（6）植物种植设计。依据植被种植规划,对公园各局部地段进行植被配置。

①树木种植的位置、标高、品种、规格和数量。

②树木配置的形式:平面、立面形式及空间景观造型,乔木与灌木、落叶与乔木、针叶与阔叶等树种的组合。

③蔓生植物的种植位置、标高、品种、规格、数量、攀缘与棚架的情况。

④水生植物的种植位置、范围、品种、规格和数量,水底与水面的标高。

⑤花卉的布置，花坛、花境、花架等的位置，标高、品种、规格和数量。

⑥花卉种植排列的方式：图案排列的式样，自然排列的范围与疏密程度，不同的花期、色彩、高低、草本与木本花卉的组合。

⑦草地位置范围、标高、地形坡度、品种。

⑧园林植物的修剪要求：自然与整齐的形式。

⑨园林植物的生长期、速生与慢生品种的组合、在近期与远期需要保留与调整的方案。

⑩植物材料表：品种、规格、数量、种植日期。

（7）施工详图。按照详细设计的意图，对部分内容与复杂工程进行结构设计，制订施工的图纸与说明，常用的图纸比例为 1∶100 或 1∶50 或 1∶20。

①给水工程：水池、水闸、泵房、水塔、水表、消防栓、灌溉用水的水龙头等施工详图。

②排水工程：雨水进水口、明沟及出水口的铺设，厕所化粪池的施工图。

③供电及照明：电表、配电间或变电间、电杆、灯柱、照明灯等施工详图。

④广播通信：广播室施工图、广播喇叭的装饰设计。

⑤煤气管线、煤气表具。

⑥废物收集处、废物箱的施工图。

⑦护岸、驳岸、挡土墙、围墙、台阶等园林工程的施工图。

⑧叠石、雕塑、栏杆、踏步、指示牌、说明牌等小品的施工图。

⑨道路广场硬地的铺设及回车道、停车场的施工图。

⑩公园建筑、庭院、活动设施及场地的施工图。

（8）编制预算及说明书。对各个阶段布置内容的设计意图、经济技术指标、工程的安排等用图表及文字形式说明。

①公园建设的工程项目、工程量、建筑材料、价格预算表。

②公园建筑物、活动设施及场地的项目、面积、容量表。

③公园分期建设计划，要求在每期建设后，在建设地段能形成公园的面貌，以便分期投入使用。

④公园的人力配备：工种、技术要求、工作日数量、工作日期。

⑤公园概况：在城市绿地系统中的地位，公园四周环境情况等的说明。

⑥公园规划设计的原则、特点及设计意图的说明。

⑦公园各功能分区及景色分区的设计说明。

⑧公园的经济技术指标，游人量、游人分布、每人用地面积及土地使用平衡表。

⑨公园施工建设程序。

⑩公园规划设计中要说明的其他问题。

为了更清晰地表达公园规划设计的意图，除绘制平面图、立面图、剖面图外，还可采用绘制轴测投影图、鸟瞰图、透视图和制作模型等多种形式，以便于形象地表达公园的设计构思。

（三）城市公园规划设计的要点

1. 容量的确定

（1）游人容量的确定。公园规划设计应确定游人容量，作为计算各种设施的规模、数量及进行公园管理的依据，避免公园因超容量接纳游人造成人身伤亡和园林设施损坏等事故的依据，也是城市规划部门验证绿化系统规划合理程度的依据。公园游人容量的计算公式为

$C=A/Am$

式中 C——公园游人容量（人）；

A——公园总面积（平方米）；

Am——公园游人人均占有面积（平方米 1 人）。

从游人在公园中比较舒适地进行游园的角度考虑，市、区级公园游人人均占有面积以 60 平方米为宜；居住区公园、带状公园和居住小区游园以 30 平方米为宜；近期公共绿地人均指标低的城市，游人人均占有公园面积可酌情降低，但最低游人人均占有公园的陆地面积不得低于 15 平方米；风景名胜公园游人人均占有公园面积宜大于 100 平方米。按规定，水面和坡度大于 50% 的陡坡山地面积之和超过总面积 50% 的公园，游人人均占有公园面积应适当增加（见表 5-3）。

表 5–3 水面和陡坡面积较大的公园游人人均占有面积指标

水面和陡坡面积 /%	0～50	60	70	80
近期游人占有公园面积 /（平方米 / 人）	≥ 30	≥ 40	≥ 50	≥ 75
远期游人占有公园面积 /（平方米 / 人）	≥ 60	≥ 75	> 100	> 150

（2）设施容量的确定。公园内游憩设施的容量以一个时间段内所能服务的最大人流量来计算。计算公式为

$$N = \frac{P\beta\gamma\alpha}{\rho}$$

式中 N——某种设施的容量；

P——参与活动的人数；

β——活动参与率；

γ——某项活动的参与率；

α——设施同时使用率；

ρ——设施所能服务的人数。

这个公式是单项设施容量的计算方式，其他设施容量也可利用此公式进行类似的计算，从而累计叠加确定公园内的整体设施容量。

通过对游人容量和设施容量的计算，就可以对公园有一个准确的定量指标。同时在公园规模、容量确定之时，还应考虑一些不确定的因素，如服务范围的人口、社会、文化、道德、经济等因素，公园与居民的时空距离，社区的传统与习俗、参与特征，当地的地理特征及气候条件等，从而对城市公园的空间规模和设施容量根据具体情况而作出一定的变更。

2. 设施配置

城市公园视其规模性质及活动需求，基本游憩设施与项目包括以下方面。

（1）点景设施：树木、草坪、花坛、绿篱、喷泉、瀑布、假山、雕塑等。

（2）游戏设施：沙坑、涂写板、秋千、滑梯、戏水池等。

（3）休憩设施：亭、廊、厅、榭、座椅、圆凳、码头、活动场等。

（4）公用、服务设施：厕所、园灯、公用电话、果皮箱、饮水站、小卖部、茶座、餐饮部、摄影部、行李寄存处、播音室、医疗室、消防设备、给排水设备等。

（5）运动场所：篮球场、排球场、足球场、游泳场、滑冰场、射箭场、浴室、健身房、健身器具等。

（6）社交设施：动植物标本馆、宠物馆、水族馆、露天剧场、音乐台、图书馆、陈列室、户外广播园、眺望台、古物遗迹等。

（7）管理设施：管理办公室、治安机构、垃圾站、泵房、生产温室棚、广播室、仓库、职工食堂、沐浴室、岗亭等。

（8）其他：经营主管部门核准，如各类游艺机等。

3. 城市公园的服务半径与级配模式

（1）城市公园的服务半径。不同类型、规模等级的公园绿地，服务覆盖的区域是各不相同的。各个公园的服务半径在维护城市生态平衡的前提下，根据城市的生态、卫生要求、人的步行能力和心理承受距离等方面的因素，结合城市的发展水平与城市居民对城市公园的实际需求和各城市的总体社会经济发展目标拟订（见表 5–4）。

表 5–4　我国城市公园规划指标表

公园类型	利用年龄	适宜规模 / 万平方米	服务半径	人均面积 /（平方米 / 人）
居住区小游园	老人儿童、路过路人	＞ 0.4	≥ 250 米	10～20
邻里公园	近邻居民	＞ 4	400～800 米	20～30
社区公园	一般市民	＞ 6	几个邻里单位 1600～3200 米	30
区级综合公园	一般市民	20～40	几个社区或所在区骑自行车	60
市级综合公园	一般市民	40～100 或更大	坐车 0.5～1.5 小时	60
专类公园	一般市民、特殊团队	随专类主题不同而变化	随所需规模而变化	—

公园类型	利用年龄	适宜规模 / 万平方米	服务半径	人均面积 / （平方米 / 人）
线型公园	一般市民	对资源有足够的保护，并能最大限度地开发	—	30～40
自然公园	一般市民	大于 4 平方千米，有足够对自然资源进行保护和管理的地区	坐车 2～3 小时	100～400
保护公园	一般市民、科研人员	足够保护所需	—	大于 400

（2）城市公园的级配模式。不同层次和类型的城市公园由于其大小、功能、服务职能等方面的不同，决定了公园系统的理想配置模式是分级配置的。

三、城市公园景观设计实例

（一）佩雷公园

项目地点：美国纽约

设计师：罗伯特·泽恩（Robert Zayn）

佩雷公园由美国第二代现代景观设计师罗伯特·泽恩设计，在当时作为新形式的城市公共空间，标志着袖珍型公园的诞生。佩雷公园位于美国纽约 53 号大街，周边是密集的商业区，人口密度大，佩雷公园占地390 平方米，可达性好，为喧哗的都市提供了一个安静的城市绿洲。无论在规模还是功能的设计上，佩雷公园都恰到好处地适应了曼哈顿的城市条件，并对城市产生了不亚于纽约中央公园的重要意义。

园中空间组织简洁，6 米高的水幕墙瀑布作为整个公园的背景。瀑布制造出来的流水的声音，掩盖了城市的喧嚣，公园三面环墙，前面是开放式的入口，面对大街。公园主体区域是树阵广场，每棵皂荚树间距 3.7 米，能给游人活动提供足够宽敞的空间。佩雷公园在设计的过程中，对于人性化考虑得十分周全。在公园入口位置有四级阶梯，两边是无障碍斜坡通道。整个公园地面高出人行道，将园内空间与繁忙的人行道分开。公园混合了多种元素，将不同材质色调协调融合。总的来说，佩雷公园提供了一个实用性较强的城市园林空间，是城市公共空间设计的典范（见图5-21）。

图5-21　佩雷公园实景图

（二）旧金山日落"微公园"

项目地点：美国旧金山

这个只有15米长的公共装置景观成为旧金山解决城市问题的一个有效途径。城市的地形与常规的街道网格成为该项目开发的灵感所在。旧金山日落"微公园"位于当地的一个食品市场及一家名为"海洋之风"的咖啡馆前，小小的"公园"中囊括了餐饮座位、群众互动区域、一系列的自行车停靠位、供儿童和宠物玩耍的耐用设施，一切都充满想象、天马行空、玩味十足。颇具诗意的解读者将这个公园喻为载有乘客停靠在海滩上的货船，行人可以在这个温暖而复杂的木头环境中暂时"躲避"混凝土世界的喧嚣，在人行道上放肆地玩耍、和朋友聚会、讲故事、吃午饭，或者只是占据一个安静的角落独自阅读也是不错的选择（见图5-22、图5-23）。

图 5-22 日落"微公园"局部一景

图 5-23 日落"微公园"实景图

第四节 城市滨水景观设计

一、城市滨水景观分析

人类对景观的感受并非每个景观片段的简单叠加，而是景观在时空多维交叉状态下的连续展现。滨水空间的线性特征和边界特征，使其成

175

为城市景观特色最重要的地段，滨水边界的连续性和可观性十分关键。滨水区景观设计的目标，一方面要通过内部的组织，达到空间的通透性，保证与水域联系良好；另一方面，为展示城市群体景观提供广阔的水域视野。滨水区也是一般城市标志性、门户性景观可能形成的最佳地段。

（一）城市滨水景观的功能

城市滨水景观不仅体现城市的文明，还深刻地揭示了一个城市所拥有的历史文化内涵和外延。同时，滨水景观对于城市的形象、价值及游憩方面也具有积极的作用。

1. 形象功能

城市滨水景观除了因人工形式而产生的美感，也蕴含了自然生态系统富有生命力的美。因此，滨水区成为展示城市独特形象的窗口。例如上海外滩、杭州西湖、纽约曼哈顿金融贸易区域的滨水景观都成为城市的形象代表。

2. 价值功能

城市滨水景观的价值功能主要表现在对城市发展的推动作用上，一般由文化价值、经济价值和社会价值组成。

3. 游憩功能

城市滨水景观为人们提供了游玩、观赏、娱乐的场所。滨水景观以其特有的美丽景致和丰富的文化底蕴，以及与自然和谐共存的环境，成为人们修身养性、感受愉悦的场所。

（二）城市滨水景观的构成要素

在这个庞大的滨水景观系统中包含了诸多的构成要素，其可以分为两大类，即显性的物质类型和隐性的精神类型。两者应完美结合，以达到一种"人在画外，犹在画中"的诗意之境。

1. 物质类型

物质类型是指一切可以被视觉感受的部分，如水面、堤坝、码头、水榭、亲水平台等，它们的集合体共同决定了滨水景观的外貌和视觉的第一印象。

2. 精神类型

精神类型是指依托于实体之上而被人们的思想所感知的情绪、情感、意境等元素，不同文化背景的人群将感受到不同的精神属性。

（三）城市滨水景观的类型

1. 水体景观

水体景观是指因水系流经地表而自然形成的"流水地形"所包括的水体、地形和较少受人为影响的自然景色。其风格淳朴、自然面貌原始、生物多样，是滨水景观最大的看点和核心景观。

2. 衔接景观

衔接景观是指位于水体景观和岸上景观之间起衔接作用的景观，包括自然景观和人造景观。例如，滨水绿带、广场、沙滩、驳岸、长堤、码头等，这些景观给人们提供了一个近距离接触水、亲近水的平台。衔接景观应具有亲水性、舒适性和环保性等特点。

3. 岸上景观

岸上景观是指滨水区域附近的地上景观，或称为人工景观。它是一种非自然形成的景观，完全由人类活动所创造。岸上景观主要为滨水景观提供了烘托氛围的作用，滨水区的天际线由此构成城市景观的主调。岸上景观具有自然山水的景观情趣和公共活动集中、历史文化丰富的双重特点，是导向明确、渗透性强的城市公共开敞空间。

二、城市滨水景观设计概要

（一）滨水与自然环境的融合

水作为自然资源被保留在江、河、湖、海、湿地、沟渠、土壤、地下等"容器"或物质中，而水又是流动的，形体是多变的。一个自然地表水系并不仅仅是一个线性的结构，它就像一棵枝繁叶茂的大树，有着众多的分枝与根系。城市中纵横交错的水网都需要足够的空间来适应水流的变化，同时也为滨水流域的动植物提供了丰富的生存场所。因此，滨水景观设计的对象不仅是滨水的界面，还包括复杂的滨水空间和岸线系统。

中国的大多数城市人口密度较高，在城市建设的过程中，应遵循将城市与景观高度融合的空间发展模式。城市的发展既需要保持安全的水位，又需要尽可能保留足够洁净的地表水，以保持生态平衡。

滨水景观设计的首要作用在于保持尽量多的水体在地表。在对重要的资料如水文、土壤、滨水生态状况、交通和各项设施的规划，以及经济发展的可行性等有了充分了解后，还需综合考虑地表水的容量和面积、自然净水的能力、生态水岸等方面的因素，形成一个综合的设计方案，以实现城市与景观的真正融合。

（二）具有滨水景观特色的建筑

滨水区沿岸建筑的形式及风格对整个水域空间的形态有很大影响。滨水区是向公众开放的界面，临界面建筑的密度和形式不能损坏城市景观轮廓线，并保持视觉上的通透性。

滨水区沿岸的建筑应适当降低密度，注意与周围环境的结合，可考虑设置屋顶花园，丰富滨水区的空间布局，形成立体的城市绿化系统。另外，还可将底层架空，这不仅有利于形成视线走廊，而且可形成良好的自然通风，有利于滨水区自然空气向城市内部引入。

建筑的高度在符合城市总体规划要求的基础上，还需根据滨水区环境的特点综合考虑，并在沿岸布置适当的观景场所，设置最佳观景点，保证在观景点附近形成优美、统一的建筑轮廓线，以达到最佳视觉效果。

（三）滨水区与交通元素的体现

道路与城市滨水区景观有着密切的关系，既要符合城市规划的要求，又要和滨水区景观紧密结合。滨水区景观中的道路不仅要考虑水上交通和陆上交通的连贯性，而且要考虑车流和人流的分离。滨水区景观中除交通道路以外，还有很多辅助的交通枢纽，如码头、桥梁等，这些意象元素是滨水区景观中所特有的，成为滨水区景观中的亮点。

桥梁在跨河流的城市形态中占有特殊的地位，正是由于桥梁对河流的跨越，两岸的景观才集结成整体。特殊的建筑地点、简洁而优美的结构造型，以及桥上桥下的不同视野，使桥梁成为城市的标志性景观。城市桥梁的美，不仅体现在孤立的桥梁造型上，更重要的是把桥的形象与两岸的城市形体环境、水道的自然景观特点有机结合。因此，应重视城市桥梁的空间形态作用，将具有强烈水平延伸感的桥梁与地形、建筑及周围环境巧妙结合，创造出多维的景观效果。

码头是滨水区景观中特有的节点元素。它既有交通运输枢纽的功能，又能使滨水区更有其独特的风韵。当人们探寻江南水乡的历史痕迹时，一定会提到小桥和河道中的各种码头。这些码头给人们的生活带来了便利和乐趣。昔日，这些码头是妇女们淘米、洗菜、洗衣物，孩子们戏水的场所，也是他们坐船出行、运输物资的交通港。在现代，像这种与自然面对面的对话在都市生活中已经很少见了。

城市滨水中有了水和船就更具有了活力，而河流中往来穿梭的船会给人们留下鲜明的印象。人们到威尼斯旅游乘坐"贡多拉"不仅是为了体验当地人的生活，更重要的原因是只有在"贡多拉"上才能真正感受到威尼斯这座城市的历史与文化。在水乡乌镇，只有登上乌篷船才能体验到水乡的生活与魅力。

（四）滨水区景观空间层次的创造

在人们的脑海中，城市滨水空间的景观通常是一幅美丽的画卷，滨水区不仅有较开阔的空间，而且有着丰富的景观层次。为了能达到预期的景观设计效果，最重要的一点就是要保留河道的自然流线，如果河道笔直一览无余，空间层次必然要削弱，"曲径通幽处"这句话很好地诠释了空间层次的本质。景观空间层次的创造还在于滨水空间节点的合理规划和布局，以及河流两岸景观层次的塑造。

（五）滨水用地结构的更新

城市中的大多数滨水区不仅拥有丰富的自然资源，而且具有优美宜人的景观环境，因此成为市民向往的休闲娱乐场所。它与周边的自然环境、街道景观、建筑物构成有机整体，并对当地的文化、风土人情的形成产生重大影响。因此，重新评价滨水区所具有的价值，对具有多种功能的滨水区用地结构的规划和更新有着重要的现实意义。

（六）滨水景观特色魅力的体现

河流的魅力可以分为两个方面，即河流本身及其滨水区特征所具有的魅力，以及与河流的亲水活动所产生的魅力。从河流滨水区的构成要素来看，这些魅力主要包括河流的分流和汇合点，河中的岛屿、沙洲，富有变化的河岸线和河流两岸的开放空间，河流从上游到下游沿岸营造出的丰富的自然景观，还有河中生动有趣的倒影。沿河滨水区所构筑的建筑物、文物古迹、街道景观及传统文化，都显现出历史文化和民俗风情所具有的魅力。河水孕育了万物，是生命的源泉，充满活力的水中动物表现出生命的魅力；河流滋润了河中及两岸滨水的绿色植物，不同的树木和水生植物表现出丰富的美感，营造出无限的自然风光，是河流滨水区最具魅力的关键要素。当人类在滨水区从事生产、生活、休闲娱乐时，滨水区的魅力从人们愉悦的表情中充分地体现出来。

（七）沿线绿带构建滨水空间

（1）滨水区空气清新，视野开阔，视线清晰度高。在滨水区沿线应形成一条连续的公共绿化地带，在设计中应强调场所的公共性、功能内容的多样性、水体的可接近性及滨水景观的生态化，营造出市民及游客渴望滞留的休憩场所。

（2）滨水区应提供多种形式的功能，如林荫步道、成片绿荫的休憩场地、儿童娱乐区、音乐广场、游艇码头、观景台、赏鱼区等，结合人们的各种活动组织室内外空间。设计采用"点线面"结合的手法。点——在这条线上的重点观景场所或被观景对象，如重点建筑、重点环境小品、古树；线——连续不断的以林荫道为主体的贯通脉络；面——在这条主线的周围扩展开的较大的活动绿化空间，如中心广场、公园等。这些室外空间可与文化性、娱乐性、服务性建筑相结合。

（3）在滨水植被设计方面，应增加植物的多样性。这种群落物种的多样性大，适应性强，成为城市野生动物适应的栖息场所。它们不仅在改善城市气候、维持生态平衡方面起到重要作用，而且为城市提供了多样性的景观和娱乐场所。另外，提高软地面和植被覆盖率，种植高大乔木，以提供遮阴和减少热辐射。城市滨水区的绿化应采用自然化设计，植被的搭配可将地被花草、低矮灌丛、高大树木有层次地组合，应尽量符合自然植物群落的结构。

在河床较浅、水流较缓的河岸种植一些水生植物，在岸边多种柳树，可以形成蔽日的树荫。这种植物不仅可以起到巩固泥沙的作用，而且树木长大后，可以控制水草的过度生长，减缓水温的上升，为鱼类的生长和繁殖创造良好的自然条件。

城市滨水河流一般处于人口较密集的地段，对河流水位的控制及堤岸的安全性考虑十分重要，采用石材和混凝土护岸是当前较为常用的施工方法。这种方法既有优点，也有缺陷。在这样的护岸施工中，采取各种相应措施，如栽种野草，以淡化人工构造物的生硬感；在石砌护岸表面，可以有意识地作出凹凸，这样的肌理给人以亲切感，砌石的进出可以消除人工构造物特有的棱角。在水流不是很湍急的流域，采用干砌石护岸，可以给一些植物和动物留有生存的栖息地。

（八）滨水景观人文特色的体现

科学技术和信息技术的全球化，影响到人类社会生产生活的方方面面，给人类社会带来的进步与发展有目共睹，但结果却大大推进了场所的均质化。均质化的象征就是"标准化""基准化""效率化"，作为城市整顿建设的目标，"千城一面"成为市民对我国城市建设的善意评价，城市化的进程使人类正在遮掩体现生命力的痕迹。

在全球化的今天，学术界谈论最多的是民族性、地域性和个性化，作为城市环境的个性化特色包含自然景观的特色、历史的个性、人为形成的个性，这些个性化特色是构成滨水区景观特色的要素。南京秦淮河滨水区石头城公园是滨水区的其中一段，沿河一侧环绕着具有几百年历史的明城墙，这一遗迹充分展现了历史的特色与价值（见图5-24）。而由特殊的地形地貌所形成的人脸造型又赋予了滨水区更多的传奇故事，并激发了人们的想象，形成一种特有的景观特色。将滨水环境特色反映在景观的规划设计中，是设计师需要研究的重点之一。

图5-24　南京石头城公园

三、城市滨水景观设计实例

（一）重庆金海湾滨江公园

项目地点：中国重庆

项目时间：2015—2017年

设计单位：重庆大学建筑城规学院

设计团队：重庆大学金海湾滨江公园项目组（项目负责人：杜春兰）

获奖情况：2018年国际风景园林师联合会亚非中东地区应对自然灾害与极端天气类卓越奖

嘉陵江是长江流域的重要支流之一，对于重庆的发展历程有着重要的意义。

金海湾滨江公园项目一方面是城市绿地系统中重要的生态廊道，并处于重要且敏感的水陆交接区域，具有双向生态缓冲功能；另一方面是重庆市渝北区的大型综合性公园，是市民休闲娱乐的重要场所。

该项目着重针对雨洪管理、滨江生态序列恢复、生物多样性保护与生态环境增强、地方特色活动场所营造等方面进行规划设计，旨在复兴重庆嘉陵江滨江带的活力与品质，恢复其生态及社会韧性（见图5-25、见图5-26）。

图 5-25　金海湾公园灯塔

图 5-26　金海湾公园步道

（二）纽约哈德逊河公园第五段景观区

项目地点：美国纽约

设计师：迈克尔·范·瓦肯伯格（Michael Van Wakenburg）

获奖情况：2014 年美国风景园林师协会综合设计荣誉奖

纽约哈德逊公园第五段景区作为哈德逊公园七个规划段中最晚建成的一段，占地面积最大，资源最为丰富，也是公共期待值最高的一段。在建设期间该地区海平面不断上升，极端气候发生频率不断增加，成为设计师形成设计理念的挑战和契机。设计呈现出多样化的功能空间，运用具有创新意义的工程技术，应对极端恶劣的自然环境，将高频率使用与多发灾害情况结合考虑。作为纽约应对海平面上升的城市基础设施，成为难得一见的、具有"弹性"的城市滨水公共空间。

在各行业设计师的助力之下，公园糅合了不同模式的思维角度及不同尺度的设计理念，为多样化景观的创造奠定了基础。场地整合了宽阔的草坪空间（见图 5-27）河景观赏空间、雕塑花园、旋转体游乐空间、滑板空间（见图 5-28）等多元功能设施，满足居民的多样化需求。设计基于公园持久性与可持续性方面对海平面的不断上升以及极端自然灾害的隐忧提出解决措施，包括对原海堤进行拆除、修复与加固工作，运用挡泥板设计系统对靠船墩进行保护，防止失控船只、残片的撞击影响等。

图 5-27　哈德逊河公园特色草坪

图 5-28　哈德逊河公园滑板空间

参考文献

[1] 韩波:《营造本土化城市公共空间景观》,文化艺术出版社 2021 年版。

[2] 金萱:《城市公共空间湿地景观艺术》,新华出版社 2021 年版。

[3] 陈亦子:《城市公共空间景观设计》,吉林美术出版社 2020 年版。

[4] 赵思毅:《艺术·城市·公共空间》,东南大学出版社 2012 年版。

[5] 许彬:《城市景观元素设计》,辽宁科学技术出版社 2017 年版。

[6] 周燕、杨麟、王雪原等:《城市滨水景观规划设计》,华中科技大学出版社 2020 年版。

[7] 刘滨谊:《城市道路景观规划设计》,东南大学出版社 2002 年版。

[8] 过伟敏、史明:《城市景观艺术设计》,东南大学出版社 2011 年版。

[9] 王敏:《城市公共性景观价值体系与规划控制》,东南大学出版社 2007 年版。

[10] 曾筱:《城市美学与环境景观设计》,新华出版社 2019 年版。

[11] 郭征、郭忠磊、豆苏含主编:《城市绿地景观规划与设计》,中国原子能出版社 2019 年版。

[12] 于晓、谭国栋、崔海珍:《城市规划与园林景观设计》,吉林人民出版社 2021 年版。

[13] 李莉主编:《城市景观设计研究》,吉林美术出版社 2019 年版。

[14] 王鹏:《城市公共空间的系统化建设》,东南大学出版社 2002 年版。

[15] 刘滨谊等:《城市滨水区景观规划设计》,东南大学出版社 2006 年版。

[16] 孙汝:《城市绿化景观创意设计研究》,吉林美术出版社 2019 年版。

[17] 林海:《城市景观中的公共艺术设计研究》,中国大地出版社 2019 年版。

[18] 李科、石璐、林春水等:《城市广场景观设计》,辽宁美术出版社 2019 年版。

[19] 单霁、郭嵘、卢军:《开放空间景观设计》,辽宁科学技术出版社
2000 年版。

[20] 孙鸣春、周维娜:《城市景观设计》,西安交通大学出版社 2007 年版。

[21] 薛健:《绿化空间与景观设计》,山东科学技术出版社 2006 年版。

[22] 中国建筑文化中心主编:《城市街区景观中外景观》,华中科技大学
出版社 2010 年版。

[23] 邵靖:《城市滨水景观的艺术至境》,苏州大学出版社 2016 年版。

[24] 路萍、万象:《城市公共园林景观设计及精彩案例》,安徽科学技术
出版社 2018 年版。

[25] 何靖泉、赵肖、王文刚主编:《广场景观设计》,兵器工业出版社
2019 年版。

[26] 刘力维、江缇、丁山:《城市小微公共空间景观设计的异化同构研
究》,《装饰》2022 年第 7 期。

[27] 谢海琴:《新时代城市公共空间景观设计探析》,《美与时代（城市
版）》2022 年第 6 期。

[28] 魏东:《城市公共空间植物景观设计策略研究》,《居业》2022 年第 2 期。

[29] 郑强羽、李瑞:《城市公共空间景观设计的问题及创新策略》,《现代
园艺》2021 年第 24 期。

[30] 谢婉月、董丽、郝培尧等:《城市公共空间——街景设计中的植物景
观》,《景观设计》2021 年第 6 期。

[31] 解麒华、武若斌、刘志军等:《融入城市公共景观空间的建筑遗产保
护策略——南京市雨花台区明临安公主墓保护方案设计》,《建筑与
文化》2021 年第 12 期。

[32] 李昌艺:《探析智慧城市理念在城市景观设计中的应用》,《美与时代
（城市版）》2021 年第 10 期。

[33] 贾莉莎:《浅析城市滨水景观中的公共设施设计》,《工业设计》2021
年第 10 期。

[34] 刘润中、杨航卓、刘华:《山地城市滨水绿道景观设计策略——以重
庆北滨路西延伸段为例》,《建筑与文化》2021 年第 10 期。

[35] 胡青青、章驰:《基于绿色发展理念的城市公共空间景观设计研究》,
《智能建筑与智慧城市》2021 年第 9 期。

[36] 郭华:《城市公共空间视角下景观雕塑设计与应用》,《城市住宅》2021 年第 6 期。

[37] 任丽芬:《文化传播视域下的城市公共空间设计》,《绥化学院学报》2021 年第 5 期。

[38] 王阳阳、汤箸梅:《浅谈城市公园互动性景观设计》,《美术教育研究》2021 年第 6 期。

[39] 刘毅:《中原城市中公共空间的植物景观优化设计》,《现代园艺》2020 年第 22 期。

[40] 庄佳:《后现代主义理念在城市公共空间景观设计的应用初探》,《艺海》2020 年第 11 期。

[41] 王倩颖:《城市公共空间交互性景观设计应用研究》,《美与时代(城市版)》2020 年第 10 期。

[42] 高斯:《基于城市文化视角分析城市公共空间规划设计》,《居舍》2020 年第 28 期。

[43] 崔维鹏:《城市公共空间的景观铺装——以西安曲江创意谷为例》,《艺海》2020 年第 8 期。

[44] 纪思佳、王婧茹:《城市开发视角下的公共滨水空间景观设计初探》,《绿色科技》2020 年第 13 期。

[45] 赵媛:《城市公共空间景观设计"新中式"风格体现》,《建筑结构》2020 年第 12 期。

[46] 高子健:《城市公共空间人文景观设计》,《建筑结构》2020 年第 9 期。

[47] 王怡然:《城市公共空间中人与景观的互动体验研究》,《西部皮革》2019 年第 24 期。

[48] 蒋勇:《城市公共活动空间的街道景观设计研究》,《福建建筑》2019 年第 12 期。

[49] 姜卉:《城市公共开放空间景观设计及整合探讨》,《现代园艺》2019 年第 22 期。

[50] 范丽琼:《公园城市理念内涵及对城市景观设计的启示》,《现代园艺》2019 年第 16 期。

[51] 赵志红:《空间与场域 公共艺术新关系的重构》,《新美术》2019 年第 7 期。

[52] 李燕、温世臣、唐健武:《地域文化背景下城市公共空间景观的设计

语言研究》，《城市建筑》2019 年第 17 期。

[53] 张倩、杨雅婷：《工业遗址在城市公共文化空间中的景观设计探究》，《大众文艺》2019 年第 9 期。

[54] 张小涵：《"城市客厅"文化广场的景观设计分析》，《大众文艺》2019 年第 4 期。

[55] 成捷：《城市滨水空间人文环境规划设计中的原则及要点》，《居舍》2018 年第 36 期。

[56] 曹烨：《城市街道景观艺术空间浅析》，《中国报业》2018 年第 20 期。

[57] 薛芃芃：《塑造城市公共空间活力的景观小品设计研究》，《西部皮革》2018 年第 13 期。

[58] 章心怡：《传统文化元素应用于城市景观设计中的策略探寻》，《山西科技报》2022 年 3 月 21 日第 A06 版。

[59] 本报评论员：《塑造最靓城市景观 打造最美城市名片》，《石家庄日报》2021 年 7 月 19 日第 1 版。

[60] 林奕婷：《将传统景观融入未来城市》，《福州日报》2021 年 7 月 18 日第 3 版。

[61] 吴长锋：《城市景观水体富营养化治理获突破》，《科技日报》2013 年 11 月 11 日第 5 版。

[62] 朱英达：《基于场所记忆下的城市工业遗址景观设计研究——以太化工业园区为例》，北京服装学院 2021 年硕士学位论文。

[63] 陈奇：《城市街旁绿地景观设计研究——以温江区泰基花溪谷居住区街旁绿地为例》，四川农业大学 2021 年硕士学位论文。

[64] 毛敏：《城市微型公共空间体验式景观设计——以太原市尖草坪区为例》，江苏大学 2021 年硕士学位论文。

[65] 林婕：《融入生产性景观理念的城市滨海景观规划设计研究——以厦门市环东海岸滨海景观带项目为例》，北京林业大学 2021 年硕士学位论文。

[66] 马晓舟：《环境行为学视角下城市街道景观更新营造——以南京市南舌村路为例》，南京农业大学 2021 年硕士学位论文。

[67] 李梁：《基于游憩满意度评价的城市湿地公园景观空间优化研究》，四川农业大学 2021 年硕士学位论文。

[68] 苟涛：《建设儿童友好型城市背景下的成都市城市公园景观设计研

究》，四川农业大学 2021 年硕士学位论文。

[69] 李响：《以活动多样性为导向的城市公园绿地景观提升设计探究——以宝丰县等区县级城市为例》，苏州大学 2021 年硕士学位论文。

[70] 曾敏姿：《城市生态公园夜景观设计优化路径研究——以苏州市东沙湖生态公园为例》，苏州大学 2021 年硕士学位论文。

[71] 谢蕾：《城市线性滨水区景观设计研究——以淮安厘运河为例》，苏州大学 2021 年硕士学位论文。

[72] 孙燕：《基于地域特征的广安市前锋区城市公园景观设计研究》，成都理工大学 2021 年硕士学位论文。

[73] 汤泰：《"与水为友"理念下的城市公园绿地设计研究——以天津减河公园为例》，苏州大学 2021 年硕士学位论文。

[74] 祝立婷：《在地化城市滨河公园景观设计研究——以六安滨河公园为例》，苏州大学 2021 年硕士学位论文。

[75] 赵星宇：《环境行为学视角下城市社区绿道空间景观设计研究——以成都市萃锦东路为例》，四川大学 2021 年硕士学位论文。

[76] 冯思佳：《温岭市城市绿地景观风貌规划研究》，浙江农林大学 2020 年硕士学位论文。

[77] 侯静雯：《基于生态城市背景下的绿色街道景观设计》，兰州交通大学 2020 年硕士学位论文。

[78] 熊劲彬：《基于景观植入的城市边角空间激活策略研究》，湖南大学 2020 年硕士学位论文。

[79] 朱竹园：《城市棕地后工业公园景观生态设计研究——以杭州钢铁厂公园为例》，西安建筑科技大学 2020 年硕士学位论文。

[80] 安舒琪：《互动景观设施在城市公共空间中的设计研究》，西安建筑科技大学 2020 年硕士学位论文。

[81] 程卓：《城市历史文化主题公园景观形态设计应用研究》，西安建筑科技大学 2020 年硕士学位论文。

[82] 郭茹：《基于行为活动特征的城市生活服务街道景观优化研究》，天津大学 2019 年硕士学位论文。

[83] 刘梓鑫：《城市滨水风光带植物景观设计研究》，湖南农业大学 2019 年硕士学位论文。